"发现微生物"丛书

# 离不开、
# 逃不掉，
# 这就是微生物！

中国科学院上海巴斯德研究所　编著

U0397654

上海教育出版社
SHANGHAI EDUCATIONAL
PUBLISHING HOUSE

## 主　编

唐　宏

## 编　委

张文宏　江陆斌　潘　磊　李　明　佟艳辉　贺俊薇

## 撰　稿

王晓静　王珵珵　邓　榕　许　蓉　李　祥　李　娟

宋姝庭　张誉译　闻　婧　姜　彤　郭淑明　黄　萍

樊天娇

## 图片来源

本书图片由图虫网、唐莉晶、张建行、张俊、李祥、魏洁琼、乔伟华、陈楚桥等提供。

# 为生命健康插上创新发展的翅膀

人类对生命的认知，源于从生化反应的飞秒到生物演化的数十亿年广阔时间尺度的探索，源于从纳米长度的化学键到生物圈巨大空间尺度的研究。生物的微观极致是什么？有低矮的真菌子实体，有藏匿于毛孔中的细菌，有黏附在细胞膜上的病毒，还有穷尽显微极限的生物大分子三维结构和基因片段。人类在向太空深海迈进的同时，也在向微观世界进发。人类与微生物延续数百年的对抗以及对其的研究，是一条伴随着瘟疫流行、科技发展的崎岖道路。

无论病毒的微观结构是多么复杂，科学一定会有办法揭示出它的真相。人类为什么要坚决地向微观世界进发？因为微观世界里有我们打开未来的钥匙，有突破当前传染病防控科技瓶颈的关键。我国科研团队十八年以来在冠状病毒研究领域的长期坚守和积累，为我们解析和阐释新冠病毒一系列关键靶点的蛋白质三维结构，并开发具有临床潜力的药物和疫苗奠定了重要基础，这是抗击疫情取得成功的关键之一。

以我个人的研究领域而言，结构微生物学具有较大的挑战性，需要有坚实的数理化和生物学基础，其研究成果完全基于客观的实验数据。这些实验过程往往是枯燥无味、艰难耗时的，但这些来之不易的科研成果常常是非常奇妙的、令人振奋的。当那些微观但极其精妙的结构呈现在眼前的时候，能让人感受到震撼人心的科学之美。除了要让身处科研岗位的人感受这种美，科学家们也要让广大民众，尤其是青少年知道科学的美妙之处，这一项工作就是科普。一边科研，一边科普，是科学家们的责任与义务。让青少年了解科学，热爱科学，这对于解决世界性重大科学难题发挥中国的作用、发出中国的声音，是至关重要的。国外有许多优秀的科普作品，我们可以引进，但我们也应该有一批科学家把自己的知识凝练成原创科普作品，担负起国家科学教育的重任，培养科研的新生力量。从长远来看，只有把关键核心技术掌握在自己手中，才能从根本上保障国家经济安全、国防安全和其他安全。要解决国际科学前沿和国家战略所需的关键科学和技术问题，科研的后备军不可或缺，要循序渐进、细致稳妥地推动高等教育和科研体制的改革，筑牢"地基工程"。

"发现微生物"丛书将向公众尤其是青少年，系统地介绍这群不起眼的邻居——微生物的有关知识，让大家对它们有一个全面、正确的认识，从而树立科学的卫生观、自然观、生命观和世界观，在出现重大传染病或公共卫生危机时，能保持一种客观公正的态度。除了基本知识，丛书会通过亲历科学家的研究过程、新知识新技术的发现发明过程，激励读者增强创新意识、培养创新思维。当然，对于微生物，仍有很多未解之谜，书中也会涉及科学家在这些前沿领域的最新研究，激励更多的青少年投身到这项伟大而重要的研究中。

微生物，它们已经陪伴人类度过了无数岁月。微生物带来舌尖上丰富的滋味，也带来生灵涂炭的瘟疫。想要看清它们的面目，对抗甚至改造它们，无数仁人志士投身其中，在历史的长河中与它们周旋。我们是如何发现微生物的，微生物有哪些，它们有着什么样的特点，我们如何与它们相处……这些问题要在我们了解微生物的基础上才能得出一些答案。我们可以根据冰川、冻土与化石窥见微生物的过去，也可以使用先进的基因技术摸清微生物的底细，甚至可以利用来自微生物本身的技术改造微生物。基因测序、基因编辑、蛋白质组学、大数据，科技发展让微生物无所遁形。病毒、细菌、真菌……书本上一个个陌生的名词将在这里生动直观地展开，牵动身边飞速发展的科技元素，带你见证微观世界的旖旎风光。这里要强调的是，人类一定要能够做到与自然界的所有成员，包括病毒，"和平共处"。

　　中国科学院上海巴斯德研究所所长唐宏教授和他的同仁们能在繁忙的科研工作之余，主动承担起向公众传播微生物知识的社会责任，这是非常令人敬佩的。"科技创新、科学普及是实现创新发展的两翼。"从某种意义上讲，做科普也是和科研同等重要的事情。科研可以让人类知道得更多，而科普可以让更多的人知道科学家已经和将要取得的成果，对于提升整个国家和民族的科学素养具有重要促进作用。

　　期待"发现微生物"丛书能够为激发青少年的好奇心和想象力点亮明灯，为营造热爱科学、崇尚创新的社会氛围添砖加瓦，让建设崇尚科学精神、树立科学思想的创新文化薪火相传。

　　是为序。

饶子和

2021 年 7 月 18 日

于清华园

3

# 前　言

　　地球因有生命物质而成为浩瀚宇宙中最为独特的一个星球。生命的本质是具有核酸或者蛋白质等遗传物质，可以自主或者利用共生寄主实现生命体的复制。地球约有 46 亿年的历史，细菌、古生菌等最早的生命体（统称为微生物）大约出现在 35 亿—40 亿年前，而最早的人类则出现在约 300 万—400 万年前。因此，和其他高等生物（专业术语叫真核生物）一样，人类自受精卵形成的那一刹那起，就和微生物密不可分。一个生动的例子就是线粒体，它是由一种叫作变形菌的细菌进入细胞后演化而成的。线粒体不仅是细胞的能量工厂（产生名为ATP 的能量物质），还可以遗传给子代细胞。因此，线粒体（又可称为内共生细菌）与人类的生老病死密切相关。

　　微生物是较原始和简单的生命形式。它们和包括人类在内的高等生物一样，共用相同的遗传密码（基因均由嘌呤类 A、G，嘧啶类 T、C），只不过高等生物的遗传密码连成的基因组更加庞大，生命活动更加复杂。因此，人类认识自身往往从低等生物开始，生命科学各种规律的发现都离不开对微生物的透彻理解，生物工程的发展也都离不开对微生物的改造利用。另一方面，微生物与人密不可分，一百多年前发现许多疾病都是由微生物导致的。由此，人类医学又向前进了一大步，疫苗、抗生素等微生物防治产品相继问世，使得人类平均寿命直接延长了近 20 年，人类文明进程得以延续。

　　本书试图从发生在我们生活中的事例出发，生动展现微生物世界的奥秘，叙述人类掌握微生物的生命活动规律、利用和改造它们的壮丽过程。试图将人类用了上百年时间对微生物世界的认知用生动浅显的语言和图画解释清楚，实属不易。也正因为此，本书肯定会有挂一漏万、不严不实之处，敬请读者批评指正。

中国科学院巴斯德研究所所长

# 目录

4

# 序 章

如果在接下来的几十年里会有什么东西导致超过 1000 万人死亡，那么它最有可能是一种高传染性的病毒，而不是战争。不是导弹，而是微生物。

——比尔·盖茨，2015 年

当时间的脚印踏在新年的分界线上，"地球村"的人们正在欢喜地准备举办盛典，迎接 2020 年的到来。在一片热闹里，一个"魔鬼"悄无声息地着陆，伺机发动偷袭，住进人们的身体。它大肆侵占、毁坏人们的身体，"人魔"两界开始了一场世界级的对抗。科学家们按照"魔鬼"的形状和家族史给它起了个名字——SARS-CoV-2。比尔·盖茨的预言不幸成真，而且时间之快令人惊讶！

像"病毒""细菌"这样的词语对现在的我们来说毫不陌生。家长总让我们吃东西前要洗手，不然会把细菌吃进去；我们感冒了，医生会根据检查结果判断导致我们生病的是细菌还是病毒。我们看不到它们，它们却存在于我们生活的几乎每一个角落。科学家称它们为"微生物"。为什么要取这样的名字呢？它们是什么时候出现的呢？微生物们都是"魔鬼"吗？它们都对人类有害吗？要回答这些问题，我们要从很久很久之前讲起。

微生物和人类的渊源可以追溯到人类的诞生，无论是人类这一物种的诞生，还是人类个体的诞生，微生物都陪伴我们左右。在上古时期，人们并不知道有微生物，但人们发现食用火处理过的食物可以减少生病，发霉的谷粒能够酝酿出醇香诱人的液体……薪火代代相传，人类也开始从上一辈那里继承微生物的利用之法。随着一代又一代人经验的积累，人们不仅会用微生物制作美味的食物，还会利用微生物来治疗疾病、延年益寿。看到这里，我们可能会骄傲地挺起胸脯，心里想：在强大的人类智慧面前，这小小的微生物可是为我们所用的工具呢！但历史并不是永远都如此和睦，微生物依靠着身材极小、不被人类看见的优势，常年与各种各样的生命体生活在一起，有些甚至能够攻破人体的保护防线，肆无忌惮地在人体里安家、掠夺、繁殖，挑起与免疫系统一场又一场的"战争"。对于古代的人们来说，这些突如其来、莫名其妙的瘟疫，像是上天所降的魔咒，一瞬间便夺去了许多人的生命。韩愈的一首长诗为我们描绘了他在去往江陵途中目睹的悲惨疫情，他写道："疠疫忽潜遘，十家无一瘳。"昨夜邻家欢声笑语，今早去看已没有生机，瘟疫随夜潜入，家户俱损，无一幸免……但人类又怎会甘为鱼肉？人们站起来，用自己的智慧与勇敢奋力斗争、前赴后继。古今中外，人类探索出许许多多的方法与微生物降下的"魔咒"相斗，诠释了"我命由我不由天"的志气。

在大大小小上百次的战役中，人们终于发现了这群不露声色的"邻居们"。明末清初，一位叫吴有性的传染病学家在《瘟疫论》中写道："疫乃异气也，物者气之化也，气者物之变也。"他觉得疫病既不是天神愤恨的惩罚，也不是巫蛊之咒，而是由一些无形的物质导致的。在同一时代的荷兰，一位喜欢琢磨镜片的荷兰人安东尼·列文虎克（Antony van Leeuwenhoek），用自制的"显微镜"看到了一些肉眼看不到的微小生物。那是人类第一次窥见微生物。列文虎克用精心磨制的镜片敲开了"邻居们"的大门，看到了一滴水里的生物要比一个城镇里的人还要多的"小人国"，这个庞大的群体在往后的三四百年里逐渐被揭开了神秘的面纱。就像人类第一次看到山羊，便在龟板上刻下羊角的样子来描述这个生物一样，在此后的两百年里，西方的科学家们热衷于用显微镜观察各种各样的微生物，画下它们的模样，并根据形状赋予它们名字。例如，科学家们把长得像小球的叫"球菌"，把长得像小棍子的叫作"杆菌"。

现在我们说的微生物，通常指的是"小人国"里的无法用肉眼看到的微小生物。在"小人国"里，微生物们虽然有时候住在一起，但也有着不同的家族。这些家族里面，有体型娇小的细菌家族，有身材壮硕的真菌家族，有衣原体和支原体两个"小矮人"家族，有无法独立生存的病毒，还有很多我们无法归类甚至还未发现的成员，它们共同构成了我们现在所认识的"小人国"。

在18—19世纪，科学家们沉浸在观察微生物的形态上，并没有将这些看起来"人畜无害"的小家伙们和人类的一些疾病联系在一起。直到法国的路易斯·巴斯德（Louis Pasteur）的出现，他验证了微生物是造成人类许多疾病的原因的说法。至此，人类开始了对有害微生物的主动还击！科学家们开始研究对抗微生物的有效方法来治疗由其引起的疾病。1908年，德国的保罗·埃尔利希（Paul Ehrlich）用砷凡纳明治疗梅毒，拉开了人们寻找抗菌药物的序幕。如果说砷凡纳明是人类对抗微生物战役中的"领头兵"，那么被亚历山大·弗莱明（Alexander Fleming）意外发现的青霉素就是当之无愧的"大将军"。青霉素的使用，改变了人类容易因伤感染而丧命的悲惨命运。青霉素和随后发现的链霉素以及其他抗微生物分子，组成了抗生素大军，浩浩荡荡地扫平了肺结核、脑膜炎等难治愈、易致命的传染病，大大延长了现代人类的平均寿命。有了这支"常胜军队"的保护，人类终于能够有力地抵抗微生物的进攻了。

与微生物对抗的胜利给了人类信心，让人类萌生了进一步利用微生物的想法。科学家们发现微生物身材小，繁衍快，培养简单，很适合作为"工厂"来生产一些人类需要的药物。更有一项如同"魔剪"（CRISPR/Cas）的基因编辑技术，来源于微生物，也能用于微生物，它能够修改微生物的DNA，让它们按照人类的意愿生长，帮助人类达成改造微生物以及其他生命体的计划。我们成功驯化了微生物，利用它们酿造出食醋、酱油、料酒等占据了厨房半壁江山的调味品，也建立起了一个个生产抗生素、疫苗的微生物工厂。微生物仿佛已经成了勤劳耕作的"伙伴"。但是SARS-CoV-2的出现告诉我们，有些微生物或许只是耐心地潜伏在深处，一旦找到合适的机会，就会对人类发起疯狂的反击。

今时今日，我们回望这段"爱恨史"，微生物和人类的关系只能互相争斗，拼个你死我活吗？在地球这个生态圈中，怎样的关系和距离才是人类和微生物最好的相处模式？让我们翻开这本书，寻找答案吧！

3

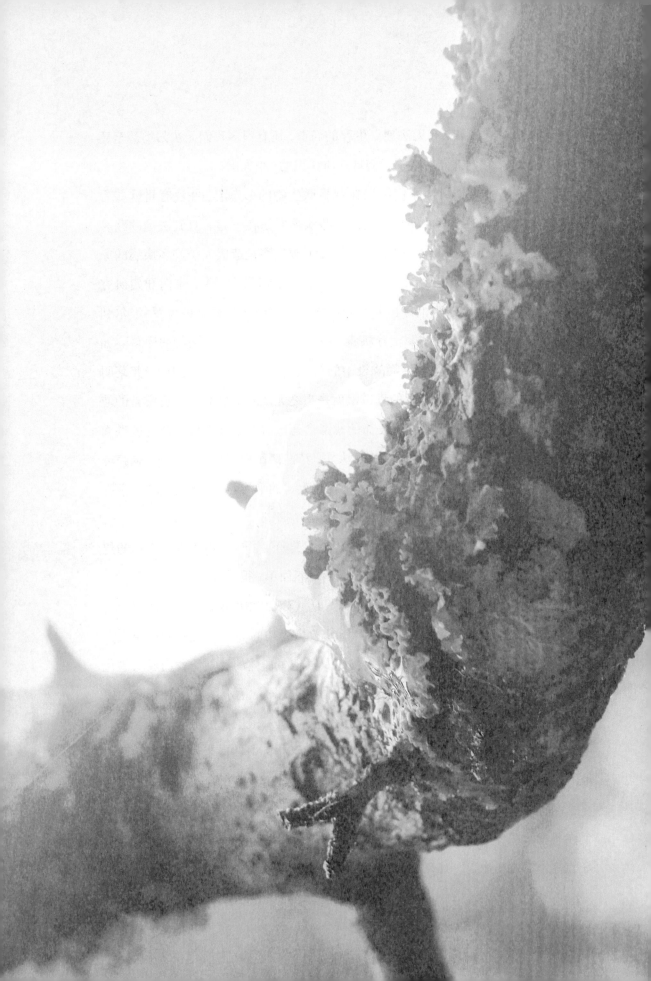

# 第一章

## 未知的世界

# 一、农耕文明的守护者

回溯人类文明的发展史，农耕文明是广为认可的第一种文明形态，它是工业文明的摇篮，也是迄今为止持续时间最长的文明形态。发源于大河流域的农耕文明与野生的动植物建立起了非同寻常的关系，人们培育了五谷，驯化了六畜，却浑然不知身边还有一群无声的守护者——微生物。

## 腐熟与固氮

"落红不是无情物，化作春泥更护花。"清代诗人龚自珍的诗句，形象地道出了我国古代对有机肥的认识。其实作为农耕文明的典型代表，中国很早就开始重视农业的发展，《诗经·周颂·良耜》中就提到："荼蓼朽止，黍稷茂止。"这句话的意思是，用腐烂的野草作为肥料，庄稼会长得更茂盛。这说明早在周代，尽管当时的人们并不明白其中的道理，但已经明确意识到腐烂的草木可以让庄稼增产。其实在腐草增产的背后，微生物有着非常大的功劳。

现代科学研究表明，植物的苗壮生长离不开氮、磷、钾这三大营养元素，而微生物的"腐熟"与"固氮"作用，为植物汲取这些营养元素带来了极大的便利。微生物的腐熟作用可以分解动植物的遗骸，使其中的微量元素，尤其是无机盐，重新回归土壤，让植物更容易吸收；而一部分具备固氮作用的微生物，在工业发明到来之前承包了将空气中的氮气还原为氨的 90% 的工作（剩下的 10% 由闪电完成），为植物提供了不可或缺的肥料。

我国现存最早的一部农书是西汉的《氾胜之书》，在这本书中就已提到可以将粪便作为肥料。人畜的粪便中不仅富含深受植物喜爱的无机盐，也携带着数量庞大的"造肥大军"——微生物。最早记载了利用粪便制造肥料的，当属由贾思勰成书于北魏末年的《齐民要术》。《齐民要术·杂说》中详细记载了一种制作有机肥料的方法："其踏粪法：凡人家秋收治田后，场上所有穰、谷秸等，并须收贮一处。每日布牛脚下三寸厚；每平旦收聚堆积之；还依前布之，经宿即堆聚。计经冬一具牛，踏成三十车粪。至十二月、正月之间，即载粪粪地。"这种堆肥的方法实际上利用了牲畜粪便中的微生物来对秸秆草木进行加速"腐熟"。将秸秆堆在牲畜的脚下，牲畜粪便中的微生物很快就能进入秸秆堆中。由于牛羊等食草动物的消化道中富含能够分解纤维素的微生物，牲畜的踩踏也使得粪便和秸秆混合得更加充分而致密，制造出了适合微生物生存和繁殖的无氧环境，随着微生物的代谢，堆温也逐渐提高，纤维素分解菌等厌氧菌的活性也随之提高，秸秆的分解速度加快。这样的操作保证了秸秆在严冬中也能腐熟，方便来年春耕使用。

牲畜及其粪尿都是非常重要的生产资料

## 秸秆的腐熟

秸秆是成熟农作物（通常指小麦、水稻、玉米等经济类作物）茎叶部分的总称，包含了作物一半以上的光合作用产物，是一种可再生的生物资源，也可以作为牛、羊等牲畜的粗饲料。现代农业中化肥的广泛使用，使得农业对秸秆制肥的需求量大大减小，秸秆的处理成了一大难题。如果秸秆不能被及时处理而荒废在地里，会影响新一轮的作物播种。焚烧秸秆是快速处理秸秆的一种方式，但燃烧秸秆产生的气体对大气和人体都有极大的危害，故已被明令禁止。专家鼓励农民将秸秆粉碎后埋入土壤当中，或者覆盖在土壤表面。这一方面可以改变土壤性质，使其变得疏松；另一方面，粉碎后的秸秆能为土壤提供养分，让土壤变得更加肥沃，节省农民大量的化肥开支，一举两得。但是直接的秸秆填埋也出现了一些负面影响：填埋后的土地容易遭受大规模的虫害，影响收成；土壤变得过于松弛，使得农作物难以抵抗大风；部分秸秆的根茎仍然存活于土壤中，和作物争夺养分；等等。为了解决这些矛盾，就需要人为加速秸秆腐熟的过程，如添加酵母等多种微生物组成的生物制剂，在适宜的条件下，对秸秆进行腐熟。

我国古代人民很早就知道豆科植物可以用于肥田，将多年种植过大豆的土壤转移到新种植豆类的田中，可以使新种植的豆类植物长得更茁壮，这种方法被称为"客土法"。成都地区的农民进一步发展了"客土法"，在大豆收获后，他们把大豆的根捣碎，与泥土、草木灰混合揉成小团，用稻草将其包扎好。来年种植时，这些富含无机盐和微生物的小团会被用来拌种，种子在发芽时就有充分的营养物质，还"继承"了能够进一步提高土壤肥力的微生物，因此，豆苗能够茁壮成长，进而明显提高大豆产量。

现在，我们知道"客土法"能够提高豆类产量的主要"功臣"是大豆根瘤菌，根瘤菌将空气中的氮气还原为可供植物利用的含氮化合物，固定在土壤中，提升了土壤肥力。古人当然并不清楚其中的道理，但他们凭借多年的经验和细致的观察，总结出了很多经验，农学著作《氾胜之书》和《齐民要术》都记录了不同庄稼和豆科植物间作或轮作能够提高农作物产量的耕作制度。例如，《齐民要术》中记载："凡美田之法，绿豆为上，小豆、胡麻次之。悉皆五、六月概（音同"既"，稠密之意）种，七、八月犁掩杀（遮盖）之，为春谷田，则亩收十石，其美与蚕矢、熟粪同。"其大致意思就是说，想要让田地肥壮，用绿豆压青最为有效，小豆和胡麻稍次。具体的做法是，在五、六月时将这些作物散播漫种在田里，到七、八月时翻犁入土，掩杀压青，来年再种春谷，这样便可以得到较高的产量。通过这种方法来肥田，其效果如同使用蚕粪或者人的尿、粪来做肥料一样好。

土壤中的固氮菌扫描电镜渲染图

## 麻衣之软

人们常说"衣食住行"，"衣"在"食"之前；人们也说"饥寒交迫"，可见防寒保暖的衣物是多么重要。在古代，衣服的原材料主要是麻、蚕丝和野兽的皮毛，我们现在常见的棉花是到了宋代才开始推广种植的。蚕丝和兽皮比较珍贵，一般只有贵族才能享用。"麻"是从各类麻类植物中获取的纤维，而麻类植物种类丰富，有苎麻、黄麻、青麻、亚麻等，分布也十分广泛，因此麻成了平民百姓的主要衣料。但麻纤维粗糙坚硬，无法直接用于纺织，所以需要"沤麻"这种技术使麻纤维变得柔软强韧。《诗经·陈风·东门之池》中有诗句写道："东门之池，可以沤麻。"上文提到的《氾胜之书》和《齐民要术》，也有对沤麻技术各环节及其环境要求的详细记载。

乍看"沤麻"这两个字，好像是麻纤维在水里被泡软了，质量也变差了。其实，水仅仅是作为细菌发挥奇效的媒介。在适宜的温度和湿度下，喜欢氧气的果胶分解菌连同其他细菌，乘着水流与麻纤维上的果胶相遇了，这就好比吃货被带到了美食城，细菌们开始大快朵颐，将果胶分解掉。对于麻这种植物来说，果胶与纤维类似于动物的肌肉与骨骼，纤维失去了果胶的附着而变得柔软，但强度依旧不减，成了编制麻绳和纺织衣物的好材料。

苎麻

# 二、人间百味的缔造者

　　农耕文明的发展逐步让人们解决了温饱问题，有时人们还会将吃不完的食物存储起来。不管人们将食物存储到哪里，微生物总能找到它们，从中分取一杯羹。人们轻叹一口气，食指蘸取微生物狂欢后的残羹放入口舌，却被时光的味道惊艳。那些被精心储存的粮食，被酵母酿成了酒；接手酒糟的醋酸菌深吸氧气酿造出醋；来不及烤制的面饼，因为酵母的呼吸变得柔软适口；乳酸菌重新塑造了蔬菜与牛奶；霉菌赋予豆腐与奶酪独特的色泽与风味……

　　这样的结局算不上太坏，甚至有一点美好。

## 风味中国

　　"何以解忧，唯有杜康。"这是曹操《短歌行》中的名句。酒的发明者究竟是谁已不可考证，不管是杜康还是仪狄首先制作出了酒，反正最晚在夏朝人们就已经开始享用美酒了。创作于周代的《尚书》中写道，"若作酒醴，尔惟曲糵"，意思是如果你想做甜酒，就先去制作曲糵。这里的"曲"就指酒曲，"糵"指发芽的谷物，"曲糵"在今天可以理解为某种或某些微生物的菌种。

　　在《齐民要术》中介绍了很多曲的制作方法，通常是用各类谷物作为原料，经过处理后使特定的微生物在原料表面生长富集，如根霉、曲霉、毛霉及酵母等。古人已经有成熟的制曲方法，通过控制温度、湿度以及煮沸消毒、用驱虫的草药布置制曲的房间等，来制备杂菌少、质量高的酒曲。随着人们在生产劳动中与微生物的不断邂逅，不同种类的酒、醋以及酱都有了自己的专用曲。

中国古代最早的调味料只有两种：盐和梅。《尚书》中有"若作和羹，尔惟盐梅"的说法，意思是如果要做汤羹，需要先准备盐和梅子。盐提供咸味，而梅子的酸味有解腻、去腥等功效。后来，人们才发现了替代梅子的酸味调料——醋。

相传，醋是酒圣杜康的儿子发现的，他觉得酿酒后剩下的酒糟扔掉有些可惜，于是将它们放在水缸中浸泡。二十一天之后，缸中散发出浓郁而特殊的香气，这就是醋。从这个故事中，我们可以推测出醋是由酒精进一步发酵而来的。在醋酸菌（*Acetobacter aceti*）这一好氧型细菌的作用下，酒精被进一步氧化成醋酸。

能够产生酸味物质的微生物，常见的除了醋酸菌，还有乳酸菌[①]。

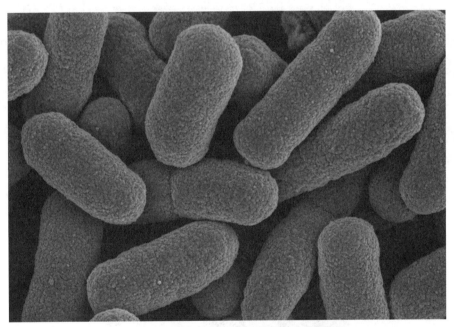

能够产生酸味物质的醋酸菌扫描电镜图

在古代，人们没有办法一年四季都收获蔬菜，寒冷的天气会让植物枯萎休眠，因此在冬天来临之前，必须想出特殊的方法来保存蔬菜，此时一种特殊的

---

① 乳酸菌是一类可以发酵碳水化合物产生乳酸的细菌，其分布广泛，种类繁多。在此不特指其中的某一种，故不标注学名。

美食——泡菜便应运而生。泡菜古称"菹"，现在也叫"酸菜"，是指为了利于长时间存放而经过发酵的蔬菜。早在商代，人们就会使用盐腌渍梅子来保存。《诗经·小雅》中写道："中田有庐，疆场有瓜，是剥是菹，献之皇祖。""菹"就是泡菜，古人利用盐腌渍蔬菜时，却意外发现了泡菜这种美味食物。

第一坛子泡菜的诞生也许是因为古代食盐的匮乏。传说黄帝时期有个叫夙沙的诸侯是海水制盐的鼻祖，现代考古则证明仰韶时期（公元前 5000 年—前 3000 年）古人已学会煎煮海盐。这些证据表明中国古代的盐大多是用海水煮出来的。临海的人们获取食盐相对容易，但对于内陆的人们来说，盐就很珍贵了。无奈的人们仍然想要蔬菜保存的时间更长一些，此时，微生物们就帮助他们实现了愿望。腌制泡菜时，乳酸菌在无氧条件下将糖类发酵成乳酸，而高浓度的乳酸又抑制了其他微生物的繁殖，因此制作泡菜不需要加入大量的盐。而且，与新鲜蔬菜相比，泡菜中的维生素和部分矿物质含量更丰富；与炒菜相比，泡菜中的 B 族维生素、维生素 C 等在酸性环境下保存更完好；泡菜中的乳酸还可以帮助消化、刺激食欲。因此，泡菜因其特殊的风味，在一年四季都可获得新鲜蔬菜的今天仍然深受人们喜爱。经典菜式酸菜鱼，是以鱼为主料，配以泡菜等食材烹制而成的，泡菜的酸香爽脆，使其成为这道菜不可或缺的"灵魂"配料。

**酸菜鱼**

没有什么能够阻止人类对美味的渴求，勤劳而智慧的古人还摸索出了各种酱料的制作方法。酱是利用霉菌（主要是曲霉）对大豆、肉类等高蛋白原料进行发酵制备而成的。曲霉会将蛋白质分解成更小的肽和氨基酸，造就更加浓厚、层次丰富的风味，并且更容易被人体吸收。当时人们主要利用特殊的原料来制备霉菌，比如用大米来

红曲米

培养和保存红曲霉（*Monascus purpureus* Went.），经过红曲霉发酵的大米叫作红曲米。红曲霉呈现独特而鲜艳的红色，是制作红方腐乳必不可少的菌种，也在红烧的菜肴中为食物增添诱人的色泽。此外，在制酱过程中通常需要加入大量的盐，盐除了调味之外，还能抑制杂菌的繁殖。

关于霉菌的美食秘方，在我国各个时期的典籍中都有记载，比如安徽名菜毛豆腐。元代至正十七年（公元 1357 年），朱元璋率兵驻扎安徽绩溪，当地的老百姓为了欢迎军队，给他们送来了大量的水豆腐。因天气较热，水豆腐的表面很快就长满了白色绒毛，有的还顶着密密麻麻的黑色小颗粒，豆腐的这副模样让人有些不忍直视。但朱元璋不想因为浪费粮食而辜负老百姓们的一片好心，因此命令厨师将表面长毛的豆腐先用油炸，再配上多种香辛料，烹制出了别具风味的毛豆腐。朱元璋登基后，此菜被传回了安徽，成了一道著名的徽菜。

毛豆腐表面覆盖的白色绒毛，其实是毛霉的直立菌丝，菌丝上的黑色小颗粒就是孢子。毛霉产生的蛋白酶能将豆腐中的蛋白质分解成小分子的肽和氨基酸，丰富豆腐原本寡淡的口味；毛霉也可以产生脂肪酶将脂肪水解成有利于人体吸收的甘油和脂肪酸。除此之外，毛霉还可以分解大豆中阻碍人体吸收营养的植

酸，提高了铁、锌等矿物质的吸收率，而且其发酵产生的一些副产物比如维生素B$_{12}$、维生素 C，使得豆腐更具营养价值。

长在培养皿上的毛霉

## 风味西域

面包是现在世界上很多国家的主食，相传它起源于古埃及。公元前 2600 年左右，那时人们的主食是面粉和水混合后烤制的面饼，这种面饼比较硬，对牙齿不太友好。一天，有个奴隶在烤制面饼时竟然累得睡着了，好不容易生起的炉火也熄灭了。疲惫的他决定将面饼放置一夜后再烤。到了第二天早上，面团膨胀得一个变成两个那么大，为了掩人耳目，他仍然将面团拿去烤制，却意外发现这个面饼格外松软美味。

这意外的美味是空气中野生酵母的杰作。酵母是兼性厌氧真菌，既能进行有氧呼吸，又能无氧呼吸。它们在面团中经过短暂的有氧呼吸获取营养物质和能量，迅速生长、繁殖。当面团中的氧气耗尽之后，酵母开始进行无氧呼吸，进入厌氧发酵阶段，这就是让面团"进化"的关键，厌氧发酵过程中产生的大量二氧化碳能使面团像海绵一样疏松多孔且柔软，体积也膨胀为原来的两三倍。

面包随着人口的迁徙和文化交流传到了世界各地，衍生出无数品种。人们用不同的谷物研磨出不一样的面粉，在面粉里掺入黄油、蜂蜜或者果仁，经过一次或两次发酵，用不同的方式烤制，甚至搭配截然不同的配菜。但唯一不变的是，那群最初在空气中飘荡的酵母，在人类餐桌的角落，找到了落脚点，与人类文明一起生生不息。

形形色色的面包

## 中国的发酵面食

在中国古代，人们也会对面食进行发酵，使其变得松软。据记载，西周时期的"酏食"就是一种经过发酵的面食。酏是指用于酿酒的粥或者米酒、甜酒，人们发现把这些东西掺入面食中，面食会膨胀变软。南朝萧子显的《南齐书》中提到了祭祀时要用到"面起饼"；宋代程大昌在《演繁露》中写道，"起者，入酵面中，令松松然也"。古人往往会在面团中掺入各类含酵母的东西，例如：酒发酵法是在面中掺入甜酒；酸浆发酵法是在面中加入米熬后发酵形成的酸浆；酵面发酵法也是现在常用的方法，即把老面揉到新的面团中；还有利用酵汁以及过夜自然发酵等方法。

18

据推测，酸奶最早诞生于游牧民族，这可能是因为他们经常用密封的皮革袋子保存牛奶，袋子里的细菌对牛奶进行发酵，产生了具有酸味的奶制品。大约四千多年前，保加利亚地区的人们初步掌握了酸奶的制作技术，并将其传到希腊和其他欧洲国家。酸奶的营养成分与牛奶相似，但是经过细菌（主要为保加利亚乳酸杆菌和嗜热链球菌）发酵，乳糖分解为葡萄糖和乳酸，使得乳糖不耐受的人群也可以享用。乳糖经过水解产生乳酸，使得酸奶的 pH 维持在 4.5 左右，酸奶特殊的风味即来源于此。

## 造就酸奶的"双菌"

如果你在喝酸奶的时候注意观察配料表信息，你一定会发现酸奶中同时添加了保加利亚乳杆菌（*Lactobacillus bulgaricus*）和嗜热链球菌（*Streptococcus thermophilus*）这两种菌，而其他的很多菌种

乳杆菌和嗜热链球菌扫描电镜渲染图

会因品牌、口味等因素略有不同，那么为什么这两种菌总是在酸奶中形影不离呢？科学家们研究发现，保加利亚乳杆菌和嗜热链球菌可以互帮互助，产生协同作用：保加利亚乳杆菌将牛奶中的蛋白质分解为氨基酸给嗜热链球菌使用；嗜热链球菌为保加利亚乳杆菌提供叶酸和甲酸，用于嘌呤的合成。保加利亚乳杆菌产生的乙醛等物质具有特殊的香气，是酸奶别具风味的主要原因。同时，这两种细菌都可以产生乳酸，使得酸奶的 pH 下降，进而导致乳蛋白的凝固（酸奶黏稠的主要原因）。这两种细菌是酸奶形成中必不可少的，是酸奶的香气、味道和形态的缔造者。

和其他发酵而来的食品一样，微生物将牛奶中的一些成分转变为必需氨基酸、多肽以及不饱和脂肪酸，使得酸奶更容易被消化，带给人更强的饱腹感。酸奶中的活菌可以促进微量元素和维生素 D 的吸收，因此非常适合老人和儿童食用。据说，在

酸奶

五百年前的欧洲，法国国王弗朗西斯一世的痢疾让很多医生都束手无策，此时盟国的苏莱曼一世派来的一名医生用酸奶治愈了弗朗西斯一世的痢疾。这个故事的真实性已不可考，关于酸奶的保健作用也有一些争议。但不管怎么样，酸奶依然是一件美味的微生物的杰作。

奶酪则是双歧杆菌属（*Bifidobacterium*）的细菌发酵奶和淡奶油的混合物，双歧杆菌属的菌生成的凝乳酶外加柠檬汁凝固酪蛋白，使其形成口感浓郁香醇的固体物。意大利等国的人们还会给奶酪接种霉菌，生产奶酪时，卡地干酪青霉（*Penicillium camemberti*）、娄地青霉（*Penicillium roqueforti*）、

白地霉（*Geotrichum candidum*）等霉菌参与蛋白质水解，能使奶酪拥有奶油般丝滑的质地。这些霉菌也参与脂肪分解，短链的脂肪酸给奶酪带来浓郁、辛辣的风味。制作奶酪的原料除了常见的牛奶，还有绵羊奶、山羊奶、水牛奶等，不同的原料搭配不同的微生物发酵，造就了奶酪纷繁复杂的两千多个品种，极大地丰富了人类的美食殿堂。

各种各样的奶酪

20

## 何为"醍醐"

我国古代主要从事农业生产，较少食用乳制品，但因为与北方游牧民族交流频繁，人们也逐渐学会了制作乳制品的方法。《齐民要术》中就记载了北方民族放牧、挤奶和制作"酪"的方法。成语"醍醐灌顶"中的"醍醐"，就是指由牛奶精炼而成的乳酪，佛家以此来比喻受到了智慧启发。到了明清时期，乳酪成为贵族中流行的佳肴，《红楼梦》中的李嬷嬷，就是因为偷吃了宝玉留给袭人的乳酪，惹得宝玉大发雷霆。如今，酸奶和奶酪已经实现了工业化生产，成为常见的食物，在很多商店都可以买到。

# 三、疫病防治的法宝

自人类在地球上出现的那一刻起，微生物便与人类结下了不解之缘，你中有我，我中有你，生死相随。微生物带给人类的并不总是好处，它们也像恶魔一样给人类带来无穷的疾病和瘟疫。虽然当时人们并不知道致病微生物是罪魁祸首，但勇于探索的人们还是找到了很多简单、有效的方法来对抗微生物的侵袭。从尚未诞生文明的远古时代，到拥有先进科学技术的现代社会，这种侵袭和反侵袭的战争从未停止过，未来也不会停止。而人类在这场从未停止过的战争中寻找并总结出方法，使得人类文明得以绵延不断、生生不息。

21

## 火——安全之光

学会生火与控制火，是人类进化和文明进步的重要标志之一。尽管目前还无法确定我们的祖先是从什么时候开始学会用火的，但科学家们还是在旧石器时代（约 300 万年至 1 万年前）的遗址中发现了火被使用的痕迹。在口耳相传的中国神话故事中，祝融是掌管火焰的火神，是他首先教会了人们使用火；在古希腊神话中，是普罗米修斯盗取火种送给人类，为人类带来了光明。神话故事融合了古代人们绮丽的想象，同时也揭示了火对人类的重要性。火的使用，意味着人类有了驱散野兽、抵御严寒、照亮黑暗的有力工具，更重要但不为人知的是，火也成了人类对抗微生物最大的帮手之一。

火给人类生活带来了巨大的变化

在学会使用火之前，古人维持生存的方式主要是"生食"。古人每天的"工作"就是采集自然状态下成熟的可食用植物的根、茎、叶、花、果实。这些植物的表面往往附着了很多微生物，比如自然成熟的水果，在人类盯上它们之前，酵母们就已经借着风捷足先登了，不过这些小家伙们就算被人类连同水果一同吞下，一般也不会给人体造成特别大的危害。古代，人们的食物来源比较匮乏，除了植物，各种动物甚至是一些捡拾来的动物尸体也常是古人的食物。生食被微生物污染的动植物常使人们的患病风险大大增加。例如，《史记》中记载的《鸿门宴》写道："项王曰：'赐之彘肩！'则与一生彘肩。樊哙覆其盾于地，加彘肩上，拔剑切而啖之。"这一段生动地描写了樊哙生吃猪肉的情形，在项羽眼里，樊哙是位壮士，但在现代人看来，势必要为这位大将捏把冷汗。鱼、鸟及其他动物，还有动物腐烂的尸体上往往携带了大量微生物，这些微生物往往是疾病产生的元凶，也是古人寿命普遍较短的原因之一。像樊哙大将军经常接触的狗肉上就可能带有致死率高达 100% 的狂犬病毒（他从前经营狗肉生意）；在鸿门宴上生切的"彘肩"（即现在所说的"猪肘"）上，也可能爬满了不计其数的大肠杆菌和肉毒杆菌……生肉虽然鲜美，但吃着可能会把命搭上，那怎么办呢？

学会用火的人类很快将火的用途从照明取暖拓展到了烹饪，经过火舌的燎烤，肉里的脂肪颗粒迸溅出诱人的香气；陶器出现后，食物可以进行蒸煮，在小火慢炖之下，蛋白质分解成氨基酸，肉汤变得格外鲜美……在食物变得更加美味可口的同时，人类因为用火杀死了食物上的致病微生物，获取了高质量的营养物质而变得更加健壮。尽管植物这类食材上的微生物没有那么致命，但火带来的高温不仅杀灭了可能会引起不适（比如腹泻）的微生物，还分解了植物中一些辛辣苦涩甚至有毒的成分，让难以消化的纤维变得软烂，让蔬果变得更加适口，极大地提升了饮食体验。总之，自从人类能够起火、用火、保存火种，人类的生存多了一份安全，少了一份艰辛。此外，火使得人们在吃饱、吃健康的同时有了更多的时间进行思考和实践，诗歌、壁画等文化艺术开始萌发，种植、纺织、冶炼等科学技术也在不断地摸索中生发。

23

冥冥之中燃起的火苗，指引人类在生命的征途上走得更远了。

## 水——荡涤污秽

古人很早就懂得洗澡对身体健康的重要性，甲骨文中就已经有了"沐浴"二字，"沐"指的是洗头，"浴"指的是洗澡，这两个动作在文字中体现得淋漓尽致。沐浴不仅能清洁身体，舒缓神经，更能清除身体上可能致病的病原微生物，使人保持健康。沐浴在道家养生中是作为一门功课进行实践的，沐浴用的水需要掺入防治疫病的药物，加热至水温合适才能使用，这样不但能除去污秽之气，也可祛除湿痹疮痒之疾。

甲骨文中的"沐浴"

秦汉时期，人们就很注重洗澡，温泉洗浴开始盛行。秦始皇也经常到骊山泡温泉，骊山温泉也被赐名"骊山汤"，成为秦始皇御洗之地。根据唐朝学者徐坚在《初学记》中记载："休假亦曰休沐。汉律，吏五日得一休沐，言休息以洗沐也。"

意思是：休假又叫休沐，根据《汉律》的规定，各级官吏每五天需要沐浴一次，同时也作为休息。天然的温泉中含有硫黄等抑菌成分，日常的热水冲洗也能冲走赖在身上啃食皮屑的微生物，皇帝给官员们放假的同时，也给他们的健康加了一道保障。

魏晋南北朝时期，南朝的皇帝萧纲还出了一本书大力倡导沐浴，这本《沐浴经》是我国至今发现的最早研究洗澡的专著。这时的洗澡甚至演化出了一套程序：沐浴之后，要分别用干净的精、粗两种毛巾擦拭身体，然后用热水淋身，披上洗澡专用的布衣，等待身体干燥，期间还要喝一些水，补充身体在高温环境中流失的水分。

唐朝时期国富民强，上至皇帝，下至平民都爱洗澡泡汤。唐朝的皇帝酷爱泡温泉，至今在西安还能看到华清池、贵妃池等汤池的遗迹。农历五月五日的端午节，民间也称"浴兰节"，人们在盛夏的这一天进行药浴，除污秽，防疾病。

到了宋朝，在大都市中出现了公共浴室，文人墨客还给澡堂起了雅名"香水行"，同时"擦背"这一备受欢迎的职业也应运而生。苏东坡为此曾作词感叹："寄语揩背人，尽日劳君挥肘。"明清时期，公共浴室就更常见了，还出现了"混堂"，意喻"不分高低贵贱，混而洗之"。

现代人尝试还原的澡豆粉

只用热水洗澡也许就很惬意，但古人沐浴也不仅仅只有热水。为了加强沐浴清洁肌肤、清爽止痒的效果，干掉皮肤上的"黏人精"微生物们，我们的老祖宗们活用中草药，不仅利用无患子果实、皂角等作为天然无公害的清洁剂，还研发出了前文提到的"药浴"。

药浴的材料据唐代名医孙

思邈的《千金要方》、东晋医药学家葛洪的《肘后备急方》(即《肘后方》)等记载,有桃皮、柏叶、青木香等,经现代科学验证,这些植物中的某些成分具有在体外抑制微生物的作用。古人还有复合配方的"澡豆",相当于我们今天的肥皂,具有清洁效果,由于通常采用豆子等可食用材料混合各种香料制成,有些也可以用作护肤品。孙思邈在《千金翼方》中提到,"衣香澡豆,仕人贵胜,皆是所要",大意是说,上至皇亲国戚,下至凡夫俗子,澡豆都是不可或缺的生活用品。

## 水与火的战歌

与热水相比,水蒸气拥有更强的渗透能力和更高的温度,杀菌消毒的能力也更强。在我国传统饮食习惯中,北方以面食为主,馒头、包子等主食需要用蒸笼蒸熟。蒸馒头的原理其实很简单,利用沸水不断产生水蒸气,水蒸气在遇到馒头时会液化放热,其释放出的大量热量足以让馒头熟透。

除了制作食物,蒸笼也是杀菌消毒的一大利器,我国古人很早就注意到了这一点。李时珍在《本草纲目》中写道:"初病人衣蒸过,则一家不染。"这句话的意思是,如果发生了瘟疫,将病人的衣服取出,放在器皿中熏蒸,那么一家人都不会再感染瘟疫。其中蕴含的原理便是使用水蒸气进行灭菌消毒。高温的水蒸气能够使得大部分蛋白质快速变性,失去原有的功能,从而杀死水中大部分的微生物。而在相同的条件下,蒸汽比液体释放的热量更多,也能深入更小的缝隙,因此杀菌效果更好。

时至今日,我们在科研中使用的高压灭菌锅也可以看作是一个加强版"大蒸笼",在压力与湿热的双重作用下,甚至可以杀死非常耐高温的细菌芽孢。

现代科研中常用的高压灭菌锅

### 顽强的芽孢

芽孢，是细菌的一种特殊存在形式。在缺乏营养或环境条件恶劣的情况下，细菌会在菌体内部形成球形或椭球形的休眠体。芽孢的含水量较低，抗逆性较强，能够耐受多种恶劣环境，诸如高温、辐射、被多种化学物质包围等。在生命科学研究中，如果需要对一件物品进行相对彻底的灭菌，需要保持121℃高温下20分钟，方可消灭物品上的芽孢。

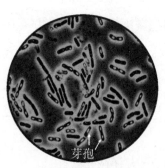

存在于菌体内部的芽孢

## 古代也有隔离——"疠迁"与"福寿沟"

为了抗击新冠肺炎疫情在十几天内建成的"火神山"和"雷神山"医院，事实上是一种特殊情况下的隔离设施，目的是阻断传染病的传播，同时也为病患提供及时、有效的救护。在古代，尽管人们并不知道瘟疫的源头是什么，但通过病人的分布推断出瘟疫是通过人传人的方式进行传播的，因此对传染源进行隔离便是一种可行的方法。

当人得了传染病时，身上的一些分泌物便会携带病原体，给人印象深刻的分泌物恐怕要数鼻涕和痰了，每当感冒来临，鼻涕和痰几乎不会缺席，它们都是呼吸道受到刺激后分泌的液体，分泌物中包含了人体自身分泌的黏液、炎症细胞、黏膜上皮细胞，也包含了外来的灰尘、病原微生物等。如果这些分泌物得不到妥善处置，尤其是在公共场所，它们风干后，其中包含病原微生物的干粉就会随风飘扬，入侵路人的身体，导致他们生病。

今天，我们都已熟知其中的道理，把不随地吐痰作为一种文明行为和社会公德。其实早在汉朝，就已经有了专门的官职来处理皇宫里皇帝的分泌物。据史书记载："武帝时，孔安国为侍中，以其儒者，特听掌御唾壶，朝廷荣之。""唾壶"

被用来承接皇帝的痰液，在收集完后带出去烧毁。当然，那时的人们并不完全清楚，这样做可以起到减少疾病传播的作用。

在秦朝就出现的"疠迁所"，可以说是世界上最早的隔离场所，它显著减少了麻风病的传播。

1975 年出土的秦代竹简中提到："城旦，鬼薪疠，何论？当迁疠迁所。""城旦"是指被役使修筑长城的犯人，"鬼薪"是指被判处从事重体力劳动徒刑的人，而"疠"是患上麻风病。这句话的大意是，那些服劳役的犯人如果染上了麻风病，应该怎么办？——应当将他们移送至疠迁所。当然，"疠迁所"与现在我们所建造的"火神山"和"雷神山"医院不同，一般并不会给予人道的看护和治疗。据记载，身患麻风的病人被发现后，会被强制送往"疠迁所"，客观上为阻止麻风病的传播和流行起到了积极作用，开创了我国，乃至世界对于传染病采取隔离措施的先河。

27

到了汉朝，尽管医疗水平仍然较低，传染病死亡率较高，但患者的待遇比秦朝好了很多。西汉时期，民间暴发瘟疫时，会将患者安排到空置的房屋内隔离，并提供治疗的药物。《后汉书·列传·皇甫张段列传》记载："明年，规因发其骑共讨陇右，而道路隔绝，军中大疫，死者十三四。规亲入庵庐，巡视将士，三军感悦。"意思是：公元 162 年，中郎将皇甫规率军出征，军中却发生了瘟疫，十个军人里面就有三四个因病去世，皇甫规下令将感染的官兵统一安置到"庵庐"中进行隔离并安排医生对患者进行治疗，"庵庐"成为阻断军中瘟疫的隔离之处。到魏晋南北朝时期，对患者的隔离才逐渐成为常态，而且将隔离范围扩展到"密切接触者"，规定朝臣家中若有三人以上感染时疫，即使本人没有患病，也百日不得上朝。

瘟疫从何而来？这个问题很早就被我国古代的官员所解答：疫从污起。黄河是中华文明的母亲河，但黄河的泛滥往往会造成生灵涂炭。伴随着水患，每当洪水退

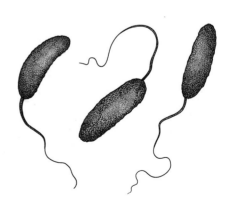

霍乱弧菌容易随着水流传播

去，瘟疫也往往接踵而至，饥荒和疾病夺走了无数人的生命。为什么水患之后往往会发生瘟疫呢？这是因为一旦发生水患，超出了城市的排污能力，肆虐的洪水裹挟着城市中的污物污染了水源和食物，在饮用这些被污染的水或食用不洁的食物后，往往会导致传染病的发生。

北宋神宗年间，虔州（今江西赣州）瘟疫频发，知州刘彝在分析地形后，认为瘟疫的源头来自上游水源的淤塞。由于虔州处于宣江、贡江、赣江三条大河的交汇处，雨季洪水常常倒灌入城，许多人畜被淹死，水退之后，瘟疫横行。于是，他提出了"雨污分离"的设计思路，并修建了著名的"福寿沟"：利用地形的高低起伏，采取沿自然流向改造排污系统的方法，依据水力学原理在出水口处制作

"水窗"，"视水消长而后闭之"，有效防止了江水倒灌。由于两个排污管道系统的走向形似篆体的"福""寿"二字，故取名"福寿沟"。可以说，福寿沟从源头解决了疫病，虔州的瘟疫从此消失殆尽。时至今日，赣州老城区的福寿沟仍在发挥着排污功能。

江西赣州的福寿沟

## 中医中药中国办法

华夏五千年生生不息，离不开世世代代的仁人志士与疾病的斗争。也许从神农尝百草开始，中医就踏上了守护人民健康的漫漫长路。

中国三千多年前的周朝就有百姓可以看病配药的场所，《逸周书·大聚》中提到，"乡立巫医，具百药，以备疾灾"。《全后魏书》卷十记载了北魏世宗时曾颁诏，"可敕太常于闲敞之处，别立一馆，使京畿内外疾病之徒，咸令居处"，就是利用闲置的办公场所设立医馆，解决底层老百姓看病难的困境。在疫情发生的

28

时候，这类医馆要求官吏把驱疫工作落实到每家每户。据《唐会要·医术》记载，唐朝有一项对公共医疗有极大影响的"州境巡疗"制度，即专业的医官带领医学生组成的团队，到全国巡视。至宋代出现了官办药局，取名"卖药所"，又称"熟药（中成药）所"，负责制造成药和出售中药。后逐渐普及全国并改名为"医药惠民局""惠民和剂局""太平惠民局"，发售官方成药。据《惠民药局记》记载，药局最大的特点是免费为病人诊断并提供处方。而药局出售的药物，因为有政府补贴，药价可低于市价三分之一。如果遇到穷人或灾民，还能分文不取，实行瘟疫免费治疗。

中医在与疾病的对抗中人才辈出，而中药在抑制疾病传播、维护人民健康方面也发挥了重要作用。葛洪的《肘后备急方》、李时珍的《本草纲目》、张景岳的《景岳全书》等古籍中记载了很多预防和治疗疾病的药方。在预防方面，《本草纲目》记载常食大蒜可预防痢疾、霍乱等各种急性传染病。在治疗方式上，古人也创造性地想出口服、烟熏、粉身、身挂、纳鼻、浴体、佩戴等方式治疗传染病。今天，中药在疾病预防和治疗的过程中依然效果显著。

## 用曲治病

用酒曲治病，在我国春秋时期就有记载。《左传》中记载，宣公十二年，申叔展问还无社："有麦曲乎？"曰："无。"叔展又问："河鱼腹疾，奈何？"意思是申叔展问还无社："你有麦曲吗？"还无社答："没有。"申叔展又问："受凉腹泻怎么办呢？"从两人的这段对话可以看出，当时的人们已经开始用麦曲治疗腹泻了，麦曲是酒曲的一种。

麦曲

随着经验的积累，到了明代，人们常用被称为"神曲"的药用曲治疗一些疾病。神曲是面粉与药物混合发酵后制成的，李时珍曾介绍道："昔人用曲，多是造酒之曲，后医乃造神曲，专以供药，力更胜之。"神曲主要用于治疗外感伤食、吐泻不止、脾虚胀满，还可以起到消积止痢、下气消痰的功效。

我国古人很早就懂得了"以毒攻毒"（即免疫）的思想。《黄帝内经》就提到，治病要用"毒药"，药没有了"毒"性也就治不了病，也就是我们常说的"是药三分毒"。而最早将这一想法付诸实践的，竟然是醉心于炼丹的东晋道士葛洪。

对于治疗疯狗咬伤，葛洪在《肘后备急方》中记载："先嗍却恶血，炙疮中十壮，明日以去。日炙一壮，满百乃止。"先除去伤口上混合疯狗唾液的血液，然后对伤口进行针灸消毒，如此不间断治疗 100 天，伤者就不会发作狂犬病。在完全不知道病毒是什么的情况下，古人运用自己的智慧发现了狂犬病潜伏期的存在，并且提出了有针对性的见解和治疗方案，实在令人敬佩。

更令人惊叹的是，对于一般的狗咬伤，葛洪创新性地制作出了"疫苗"来预防狂犬病。《肘后备急方》中写道："仍杀所咬犬，取脑敷之，后不复发。"将疯狗杀死，取脑浆敷在被咬者的伤口上，就能够预防日后狂犬病发作。这一方法与千年之后法国科学家巴斯德使用兔脑制成的狂犬疫苗有着异曲同工之妙。根据现代生物学的研究推测，患有狂犬病的疯狗脑中含有大量狂犬病毒，通过涂脑浆的方式，患者有可能对狂犬病毒产生免疫反应。当然，直接使用脑浆进行免疫而不是用减毒的病毒进行免疫，可能会缩短潜伏期甚至加重病情，但我们不能对古人苛求过多，能够想到用这种"以毒攻毒"的方法预防不治之症，值得载入史册。

与狂犬病"疫苗"类似的是天花"疫苗"的发明。天花是一种死亡率较高且无药可治的烈性传染病。经清代学者董玉山考证，民间种人痘可能从唐朝开元年间（公元713—741年）就出现了，他在《牛痘新书》中提到："考上世无种痘诸经，自唐开元间，江南赵氏始传鼻苗种痘之法。"到了宋朝，种痘技术得到了进一步传播。据历史记载，宋真宗赵恒的宰相王旦，子女多人因天花夭折，后请峨眉山人为其子种痘，他的儿子王素后来成功逃脱了天花的魔爪，一直活到了六十七岁。随着种痘预防天花的效果被不断验证，种痘这种方法也开始大范围流传开来。到了清朝，因为种痘而免于感染天花的康熙皇帝更是大力推广种痘。中国古代的"种痘法"有很多，比如先将感染天花后病人的结痂取下碾碎成粉，再通过吹气方法送入接种者的鼻腔内；也有所谓的痘衣法，将痘浆涂在衣服上，让儿童穿在身上。现在看来，痘浆、痂粉可以看作是减毒活疫苗，接种它们都会引起人体的免疫反应，从而获得对天花的抵抗力。这种方法在一定程度上确实有效，当然弊端也很多，如取材不便、效率不易控制、风险性高。但是，这种疫苗雏形证明了疫苗策略的可行性，为现代疫苗学的诞生奠定了坚实基础。

31

## 致命的狂犬病

狂犬病是由狂犬病毒所引起的急性传染病，常见于猫、犬、狼等肉食动物，它们感染狂犬病毒后会出现狂躁的表现，具有很强的攻击性。人在被携带狂犬病病毒的动物（如患狂犬病的狗）咬伤后，往往也会感染狂犬病毒。狂犬病一旦发病，病人会表现出特有的恐水、怕风、肌肉痉挛等症状，随着病情的进一步发展，病人会逐渐全身瘫痪，呼吸系统和循环系统逐渐衰竭，进而死亡。

及时妥善处理伤口并接种疫苗，必要时注射抗狂犬病血清，仍是现在避免狂犬病发病的唯一方法。

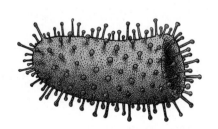

形如子弹的狂犬病毒

# 四、人类文明的推动者

伴随着人类文明的进步，部落之间逐渐合并，城市开始出现，国家逐步形成，聚居的人群数量越来越多。与此同时，一些原本零星散发的疾病开始在人群中传播开来。

瘟疫，开始暴发了……

## 雅典的衰落与幸运的铁匠

公元前431年，古希腊最大的两个城邦雅典和斯巴达爆发了长达27年的战争，史称"伯罗奔尼撒战争"。这场战争席卷了当时希腊的各大城邦，并最终导致了希腊民主时代的结束。纵观这场战争，或许带来瘟疫的微生物才是最大的赢家。

为了避免民众受到战火的伤害，雅典的将军伯里克利（Pericles）下令将雅典城邦周围乡村的居民迁入了雅典城内。尽管进入雅典城中的民众避免了战火，但是一场更加可怕的灾难即将袭来。雅典处于三面环山的盆地中，污水难以排出，而人口的大量涌入使得雅典城拥挤不堪，许多无处可去的人被迫搭建起简陋的茅舍，污水横流，垃圾遍地，到了夏天卫生状况愈发严重。公元前430年，大瘟疫彻底暴发了。修昔底德（Thucydides）在《伯罗奔尼撒战争史》（*History of the Peloponnesian War*）一书中记述患病的情形："身体完全健康的人突然开始头部发烧；眼睛变红，发炎；口内从喉和舌上出血，呼吸不自然，不舒服；高烧不退，不可抑制的干渴、抽搐，很多人因此死去。"

人们至今都不知道这场瘟疫是由哪种微生物引起的，也许它们是随着商船漂洋过海而来，给古希腊城邦降下了沉痛的灾难。瘟疫无视法律与信仰，它的矛头所向也不分贫富贵贱。在这场瘟疫中，近四分之一的雅典人死亡，平民在雅典城里尸横遍野，贵族也不能幸免于难。这场战争的发起者、创造了雅典最辉煌时代的伯里克利将军，也在这场瘟疫中丧生。

当时，古希腊马其顿王国的御医希波克拉底（Hippocrates）受邀来到雅典帮助抗疫。他寻遍全城，发现只有一种人没有染上瘟疫，那就是每天与火打交道的铁匠。由此希波克拉底想到可以用火来消除疫病，他组织全城燃起火堆，利用火焰消除污物，最终挽救了雅典。尽管此后雅典风光不再，但雅典人仍然十分感激希波克拉底，为了纪念他特意制作了一尊铁制雕塑，铭文写道："谨以此纪念全城居民的拯救者和恩人"。希波克拉底也被尊称为"医学之父"。由于这段传奇的历史，后世的中世纪教会把火作为驱除病魔的重要手段。

希波克拉底

## 驱散鼠疫阴霾的伦敦大火

火焰战胜瘟疫的传奇还没有结束。1665 年，欧洲暴发的鼠疫在短短三个月内夺去了当时伦敦十分之一人口的生命。次年，一位面包师忘记关上烤面包的炉子，在拥挤的伦敦旧城燃起了一场大火。大火一发不可收拾，一路烧到了泰晤士河畔，烧毁了无数房屋和教堂。幸运的是，这次大火只造成了五人死亡，却让人们谈之色变的鼠疫消失了。驱逐了骇人瘟疫后，浴火重生的伦敦开始了飞速发展。

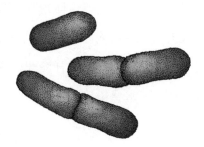

鼠疫杆菌

### 陨落的七子与崛起的三神医

微生物不会说话，瘟疫也从不跟人讨价还价。东汉是中国历史上一个极为动荡的时代，那时狼烟四起，战乱频发，各种大疫也随着避难的人群四处迁徙、肆虐。甚至可以说，如果没有瘟疫，三国的历史将被改写。

从东汉开始的瘟疫常出现于北方的冬季，据后人考证，那可能是一种流感。三国之一的曹魏地处中国北方，是被瘟疫蹂躏次数最多、最惨的。建安十三年（公元208年），孙刘联军在长江赤壁大败曹军，史称"赤壁之战"，世人都知道这是一场以少胜多、以弱胜强的战役，但实际上在这场战役中，曹军战死数万，病死者有十余万，曹军营中暴发的瘟疫逼得曹操不得不烧船自退；建安二十年（公元215年），逍遥津之战，曹魏名将张辽率领七千人抵御东吴孙权率领的十万大军，先后两次大破吴军，化解了合肥之围，但此战中瘟疫再袭，曹军里的瘟疫感染了吴军，也让孙权措手不及差点被活捉。

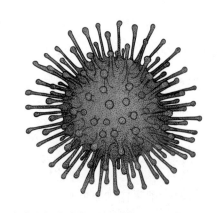

造成这场大疫的罪魁祸首可能是流感病毒

随后公元217年的大疫，除了带走了许多曹军的兵将，还带走了一群颇有造诣的文学大家。

东汉建安年间出现了七位颇有建树的文学家，史称"建安七子"，他们是孔融、陈琳、王粲、徐干、阮瑀、应玚、刘桢。除孔融与曹操政见不合被处死外，其余六人后来都投奔了曹操。建安二十二年（公元217年）冬天，北方发生大疫，司马懿的长兄司马朗时任兖州刺史，他爱民如子，听闻军中有疫，亲自去营中巡察送药，不幸感染殉职，年仅四十七岁。建安七子之一的王粲写下"出门无所见，白骨蔽平原"的诗句后，也染病身亡。建安七子本来余下五人，五人全部在这场瘟疫中丧生。

经过这样一场浩劫，曹操在建安二十三年（公元 218 年）颁布了赈灾令，但收效甚微。曹植在《说疫气》中就描绘得令人骇颜："建安二十二年，疠气流行，家家有僵尸之痛，室室有号泣之哀。或阖门而殪，或覆族而丧。或以为：疫者，鬼神所作。夫罹此者，悉被褐茹藿之子，荆室蓬户之人耳！若夫殿处鼎食之家，重貂累蓐之门，若是者鲜焉。此乃阴阳失位，寒暑错时，是故生疫，而愚民悬符厌之，亦可笑。"曹植描绘了瘟疫肆虐哀鸿遍野的场景，同时也指出了瘟疫并非"鬼神所作"，而是因为"阴阳失位，寒暑错时"，对瘟疫的起因有了些许了解。

好在这样的年代也不乏有救世之人的出现。建安有大疫，也有"建安三神医"。建安三神医分别是张仲景、华佗、董奉。华佗以外科手术名扬四海，董奉留下了"杏林春暖"的典故，而其中被后世誉为"医圣"的张仲景，建安年间的大疫对他的人生走向造成了极大的影响。生于这个年代的张仲景，原本身处一个两百多人的大家族，十年间瘟疫夺走了这个大家族三分之二的人，而死于伤寒病的又占了十分之七。张仲景立志要攻克伤寒这一顽症。经过了数十年的游历行医，他总结了对伤寒等症的研究，创造了严谨的医术理论体系，收集了大量经过实践证明有效的药方，写成了《伤寒杂病论》，对后世医学的发展起到了巨大的推动作用。

虽然在古代，因为科技发展水平低、医疗卫生条件差，古人面对无处不在的微生物时吃尽了苦头，但是通过对肆虐的瘟疫不断反思、探索和实践，最终推动了农学、医学、文学等方面的不断发展和进步。古人一方面利用有益微生物，提高了农业产量，创造了美食佳肴；另一方面面对致病微生物，从一开始的手足无措，到后来总结经验，寻求方法，著立医典，人类文明之火在与微生物的交流中愈演愈烈。

# 第二章

## 勇闯新世界

# 一、发现"新大陆"

　　微生物们就在我们身边，但除了一些大型真菌以外，我们无法看见它们。这或许是人眼的分辨能力有限，也或许是微生物们实在太小了。人们很早就发现通过水滴、水晶等天然的透明液体或固体可以看清楚微小的东西，但那还不够……直到有一天，一个喜欢摆弄镜片的荷兰人——列文虎克，用自制的玻璃透镜窥见了这个别样的世界……

## 列文虎克——看见微生物的第一人

　　1632 年 10 月 24 日，列文虎克出生在荷兰代尔夫特市的一个酿酒工人家庭。由于父亲早逝，列文虎克读了没几年书就外出谋生，在此期间，他从一位朋友那里听说，荷兰最大的城市阿姆斯特丹有许多眼镜店，眼镜店里会磨制放大镜，利用放大镜，可以把看不清的小东西放大，让人看得清清楚楚，十分神奇。列文虎克虽然书读得不多，却是一个对新事物有着强烈兴趣的人。他也很想拥有一架放大镜，但那个时候的放大镜价格实在太贵了，他决定自己来磨制。从此他经常出入眼镜店，学习磨制镜片的技术。后来在外漂泊十余年、快要步入中年的他，仍旧一事无成，于是回到家乡，在市政厅当了一位看门人。这份工作收入不低而且比较轻松，他得以全身心地投入到自己喜爱的磨制镜片工作中去。

　　他用自制的放大镜观察手指，发现粗糙得像块柑橘皮一样；他又观察蜜蜂腿上的短毛，它们犹如缝衣针一样直立着。这样的发现让他兴奋，他如饥似渴地观察着透镜下的世界，绝不浪费每一个阳光灿烂的日子。他采来鲜花和树叶，逮来蚊子和甲虫，记录它们在镜片下的模样。

还能看清更小的东西吗？带着这样的疑问，列文虎克不断改良着自己研磨透镜的技术。1665 年，列文虎克终于制成了一块直径只有 3 毫米的小透镜，他做了一个架子，把这块小透镜镶在架子上，又在透镜下边装了一块铜板，上面钻了一个小孔，使光线从这里射进，然后反射到所观察的东西上。这就是列文虎克制作的第一架显微镜。

安东尼·列文虎克

## 谁是显微镜的发明者？

16—17 世纪的荷兰，眼镜制造业空前发达。米特尔堡小镇上的眼镜制造匠人汉斯·利珀希（Hans Lippershey）受到孩子们玩耍的启发，发明了望远镜与显微镜。他发明的单筒望远镜备受王公贵族的欢迎，这种望远镜传到中国被称为"荷兰柱"，崇祯皇帝就曾用它来观测天象，但利珀希发明的显微镜却鲜有人提起。荷兰眼镜商扎卡里亚斯·詹森（Zaccharias Janssen）曾将一个凹透镜与一个凸透镜组合在一起，做成了一个能放大物体的简易装置。关于显微镜发明者的说法有很多，被提及的人中甚至包括了意大利天文学家伽利略·伽利莱（Galileo Galilei）以及英国科学家罗伯特·胡克（Robert Hooke），但大家比较公认的发明者是一位荷兰的眼镜匠人——列文虎克。

列文虎克在他的一生中共磨制了 500 多个镜片，打磨了 400 种以上的显微镜，他的显微镜能将物体放大差不多 300 倍。但这些都比不上他的另一个成就：他是世界上第一个看见微米级别大小的微生物的人。他是一个非常热爱观察的人，在他接近一个世纪的生命中，观察了不计其数的物体，几乎所有他能接触到的东西，都要放到他精心磨制的镜片下观察一番。在这样的过程中，他闯入了微生物的世界。他兴奋地看着那些在雨滴里四处奔走的"小虫子"，在牙垢里扭曲游走的"小棍子"，将它们取名为"狄尔肯"（dierken），那便是我们现在所熟知的微生物了。

## 列文虎克创造的多个第一

第一个发现了细菌的人。

第一个观察到红细胞的人。1674 年，列文虎克在打磨镜片时，不小心划伤了手指。他取一滴血放在显微镜下观察，惊讶地发现，一滴血里竟然有无数个椭圆的东西，这就是后来人们所说的"红细胞"。

第一个观察到孤雌生殖方式的人。列文虎克观察到小小的蚜虫没有受精直接生出了一堆小蚜虫。

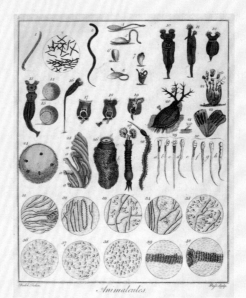

列文虎克在显微镜下看到的小东西

第一个观察到精子的人。1677 年，列文虎克观察到精液里面有好多"小蝌蚪"，这些"小蝌蚪"就是精子。精子的发现改变了人类对生殖的认知。

41

## 现代光学显微镜——看得更清楚

作为"第一个看到细菌的人"，列文虎克仅仅只是"远远地"看到了它们的轮廓，就像我们用肉眼能够看到月的阴晴圆缺，但看不清上面大大小小的环形山，也看不到里面究竟蕴藏着什么样的宝藏。千百年来，月球始终指引着人类探索的脚步，微观世界中的细菌同样也吸引着人们的目光。

细菌属于原核生物，而大多数原核生物的大小是 $1 \sim 10 \ \mu m$。例如，大肠杆菌（*Escherichia coli*）的菌体呈杆状，长度大约 $2 \ \mu m$，一千个大肠杆菌首尾相连排成一条线才只有一粒大米那么宽。组成细菌的结构则更加微小，细菌细胞壁的厚度、鞭毛的直径和核糖体的大小都在纳米级别。纳米是什么概念呢？我们人眼能够识别的最小物体大约在 $0.1 \ mm$，也就是说，至少要放大一万甚至十万倍，我们才能一窥细菌的复杂结构。列文虎克发明的显微镜放大倍数最大只有 300 倍，显然，要看清如此微小的生物，就必须提高显微镜的放大倍数和分辨率。

通过透镜将光源直接聚焦在样品上，这是早期显微镜所采用的照明方式。类似的，我们可以用一个放大镜将洒满大地的阳光聚焦成一个亮闪闪的光斑。这种照明方式虽然能提供强烈的光束，但光束十分耀眼而且不够均匀，如此非但影响成像效果，还会引起局部高温破坏样品。而且显微镜的放大倍数越大，这种副作用就越明显。19 世纪末，柯勒照明的横空出世为解决这些难题带来了转机。奥古斯特·柯勒（August Kohler）是 19 世纪末就职于蔡司公司的工程师，他发明了一种巧妙的照明方式，利用光的二次成像来避免光源的聚焦，使光线均匀散布在样品上。柯勒照明装置由两个透镜和两个光阑组成，每一点光源都从起跑线出发，"翻山越岭""跋山涉水"，经过不同的路径，最后一同穿过样品，从而

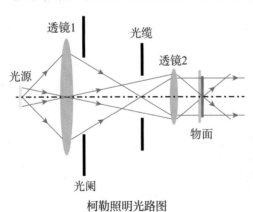

柯勒照明光路图

实现了均匀照明。柯勒照明突破了早期显微镜技术的束缚，显著提升了显微镜的分辨率。人们为了纪念他在光学领域的突出贡献，把他发明的二次成像技术叫作"柯勒照明"。

光学显微镜后来细分成普通光学显微镜、荧光显微镜、相差显微镜、微分干涉差显微镜、激光扫描共聚焦显微镜等很多类型。利用它们，我们逐渐看到了原核生物多种多样的形态与神奇的结构。

现代普通光学显微镜

## 细菌的运动器官——鞭毛

夏天，在公园的池塘里，经常能看到成群的小蝌蚪摆动着小尾巴自由自在地嬉戏，其实，在我们的身体里也有很多这样摆动着"尾巴"四处游动的原核生物，幽门螺旋杆菌就是其中非常具有代表性的一个。幽门螺旋杆菌（*Helicobacter pylori*）是导致胃病的罪魁祸首之一，它的独特之处在于能够无视胃酸的腐蚀，在强酸性的胃环境中生存，并伺机大搞破坏，长期感染甚至会引发胃癌。1982年，澳大利亚医生巴里·马歇尔（Barry Marshall）和罗宾·沃伦（Robin Warren）首次在患有慢性胃炎和胃溃疡的患者体内发现了这种细菌，在显微镜下，它们弯弯曲曲像一条条蚯蚓，还有着好几根长长的"小尾巴"，这就是"鞭毛"，这些鞭毛可以帮助幽门螺旋杆菌穿过黏液层到达胃上皮，并在这里扎根。

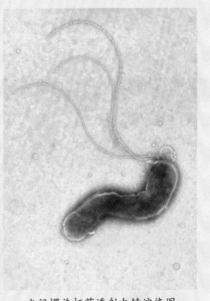

幽门螺旋杆菌透射电镜渲染图

当然并非所有的原核生物都有鞭毛，比如蓝细菌。原核生物中长有鞭毛的通常是一些具有运动能力的细菌，鞭毛是这些细菌的运动器官。不同种类的细菌，它们的鞭毛在数量和着生方式上有所不同，因为鞭毛非常纤细，想要看到它们并不容易，染色法辅以光学显微镜可以帮助我们探查到这些小尾巴，不过想要看到清晰的鞭毛还是要靠放大倍数更大、分辨率更高的电子显微镜。

在光学显微镜中，荧光显微镜是一个有些特别的存在，它就像一支神奇的画笔，笔尖轻轻一触就能够将特定研究目标从庞大的观测背景中凸显出来，因此常常被科研工作者们当作追踪装置用来研究细胞中物质的定位和动态。"荧光"，简单来说就是通过特定波长的光源照射荧光物质从而激发出的光，荧光的激发是一种物理过程。需要指出的是，尽管在自然界中有不少动物会发光，但它们发出的可不一定是"荧光"。"轻罗小扇扑流萤"，用闪烁的微光点缀了夏夜的萤火虫，它们为了传达信息和求偶发出的光就并不是"荧光"，而是一种通过荧光素酶和荧光素发生化学反应而产生的"生物发光"。荧光显微镜的荧光离不开激发光源，同时也离不开荧光物质，绿色荧光蛋白（green fluorescent protein，简称 GFP）就是 20 世纪 60 年代科学家们在维多利亚多管发光水母中发现的天然荧光蛋白，如今已经被开发和改造，广泛应用于生命科学研究中。后来科学家们从各种生命体中发现了更多的荧光物质，使得用不同的颜色标记不同的细胞成分成为可能。总之，

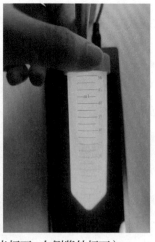

绿色荧光蛋白（左侧日光灯下，右侧紫外灯下）

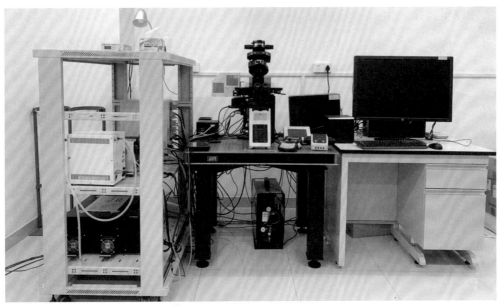

高内涵细胞成像分析系统（共聚焦显微镜）

有了荧光显微镜的协助，生命科学变得更加色彩斑斓，不管你想要研究哪一个生物体的哪一个化学分子，只要标记上荧光物质，几乎都可以将它点亮。

## 电子显微镜——揭开原核生物奥秘的利器

物理学家告诉我们："光的本质是电磁波"，波长限制了光学显微镜的分辨极限，光学显微镜的最高分辨率约 200 纳米。而且光学显微镜的放大倍数极限是 2000 倍。要将细菌等原核生物看得清清楚楚、明明白白，用光学显微镜肯定是不行的。

20 世纪初，一种新的照明源——电子流被发掘了出来。1933 年，物理学家恩斯特·鲁斯卡（Ernst Ruska）建造了第一台电子显微镜，使显微镜的放大倍数达到了上万倍，远远超过光学显微镜的最大放大倍数。如果把原本透过光学显微镜看到的原核生物比作米粒，那么现在，电子显微镜的发明就让人类逐渐看清了米粒上的胚芽。与光学显微镜不同的是，电子显微镜所用的照明源是电子枪发出的电子流。因为电子流的波长远短于光波波长，所以电子显微镜的放大倍数及分辨率显著地高于光学显微镜。在电子显微镜中，活力四射的电子束与物质的原子碰撞产生散射，通过电磁透镜放大后成像，因此我们看到的图像是像水墨画一样以浓淡呈现的，这也解释了为什么原始的电子显微镜图片都是黑白的。物理世界的严谨与优美在电子显微镜中体现得淋漓尽致。总之，电子显微镜的出现使得科学家们对原核生物的观察达到了纳米级别，一些光学显微镜下难以观测的原核生物结构清晰地呈现在大家眼前。

　　常用的电子显微镜（一般简称"电镜"）主要可以分为扫描电子显微镜（scanning electron microscope，简称 SEM）和透射电子显微镜（transmission electron microscope，简称 TEM）。不同电镜下的细菌有着截然不同的面貌，扫描电镜下的它们看起来非常光滑圆润，而在透射电镜下，它们就像被剥去了鲜亮的外衣，把柔软的内里展现出来，我们可以清晰地看到它们的细胞壁和隐隐约约透露出的内部构造。

46

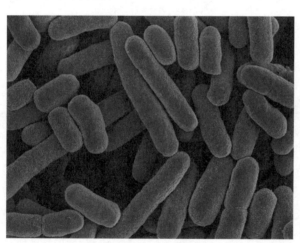

扫描电镜下的乳酸菌

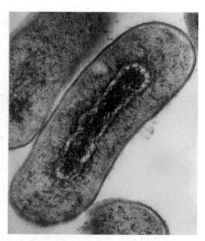

透射电镜下的大肠杆菌

　　虽然电子显微镜下的图像是黑白的，但得益于计算机技术的发展，我们可以对黑白图像进行处理，使其显现出丰富的色彩，看起来更加立体和生动；也可以给不同的组分上不同的颜色，有助于研究者进行区分和研究。我们在这本书中暂且把这些操作都叫作"渲染"，本书中还会出现大量的微生物扫描电镜或透射电镜彩色渲染图，但记住：这些彩色渲染图呈现的或许并不是微生物本身的颜色，它们是科学研究者或艺术工作者根据需要或喜好加上去的。

在电子显微镜下，核糖体、细胞膜、细胞壁这些超微结构再也无处遁形。美中不足的是，生命离不开水，生物样品同样也离不开水，但电子显微镜必须在真空下工作，真空与液态水难以共存，生物样品中的水分因此蒸发，从而会破坏样品的天然结构。因此利用电子显微镜可以细致地观察微生物的结构，但无法观察它们的动态生活。

世间万物总是处在发展变化当中，在电子显微镜诞生40年后，冷冻电镜应运而生，冷冻电镜技术通过将生物分子迅速冻结从而保持了生物样品的原貌，极大地推动了生物学特别是结构生物学的发展。

冷冻透射电镜

47

## 显微镜与诺贝尔奖的不解之缘 ①

历史上，显微镜技术一共获得过6次诺贝尔奖，分别是：

1953年，科学家弗里茨·赛尔尼格（Frits Zernike）因发明相差显微镜获得诺贝尔物理学奖；

1982年，科学家亚伦·克卢格（Aaron Klug）因发明晶体学电子显微镜技术获得诺贝尔化学奖；

① 诺贝尔奖委员会.诺贝尔奖得主［Z/OL］.［2021-07-01］. http://www.nobelprize.org/prizes/.

1986 年，物理学家鲁斯卡因发明第一架电子显微镜获得诺贝尔物理学奖；

同年，耶德·宾尼西（Gerd Binnig）和海因里克·罗雷尔（Heinrich Rohrer）因在扫描隧道显微镜设计工作中的贡献获得诺贝尔物理学奖；

2014 年，科学家埃里克·白兹格（Eric Betzig）、威廉·E. 莫尔纳尔（William E. Moerner）和斯蒂芬·W. 赫尔（Stefan W. Hell）因研制出超分辨率荧光显微镜获得诺贝尔化学奖；

2017 年，科学家雅克·杜波切克（Jacques Dubochet）、乔基姆·弗兰克（Joachim Frank）和理查德·亨德森（Richard Henderson）因开发冷冻电镜过程中的卓越贡献获得诺贝尔化学奖。

# 二、秘境的追踪

　　显微镜的发明，为人类打开微观世界之门；显微镜技术的发展，让人类看到了这个新世界的多样和多彩。看到了它们，就能开始好好认识它们了。为了揭开微生物们的神秘面纱，一群"侦探"上场了。

## "科学家的肉汤"——细菌来自哪里

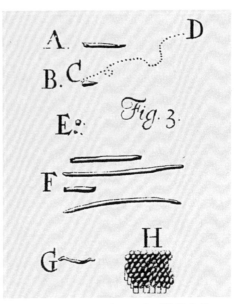

列文虎克画出的自己观察到的微生物

　　1674 年，列文虎克兴致勃勃地画下自制显微镜下呈现的各种小东西。当时，只有他能看见这些小东西，因为只有他能磨制出当时放大倍数这么高的透镜，无人与他争论，他独自沉浸其中无法自拔。列文虎克无疑是幸福的，他仿佛置身于一个与世隔绝的绝妙花园，将各种美景尽收眼底，温馨而恬静。

　　但 150 多年后的科学家们，就没他那么开心了。越来越多的人开始意识到了微生物的存在，不仅仅是科学家，还有面包店苦于面包发霉的学徒工，也有纠结于过夜的剩饭能不能吃的家庭主妇。这些小东西到底是什么，来自哪儿？对于这一问题，在古代，中国人将它们理解为一种"气"，可以随着风四处飘散传播瘟疫；在西方，有人认为这些小东西是自

49

然产生的，可能是自然界某些基本元素随机拼凑而成的。需要科学家站出来的时候到了，他们要用实验作出解答。

　　科学家们的其中一项实验很简单——煮肉汤。1748 年，一位名叫约翰·T.尼德安（John T. Needhum）的英国生物学家，在实验室里率先煮起肉汤来，一盆香喷喷的羊肉汤在火上咕嘟咕嘟地冒着泡（为了科学研究他抵挡住了美食的诱惑）。当他觉得已经煮得足够久了以后，就把肉汤转移到瓶子里密封起来。尼德安认为瓶子只要盖得够严实、拧得够紧，外面的小东西就没法染指肉汤；如果若干天后打开瓶子，肉汤还是馊了，说明这些小东西就是从汤里面自然产生的。几天后，肉汤还是馊了，面对这一锅为科学献身的羊肉汤，尼德安坚定了自己的想法：这些小东西就是凭空从肉汤里长出来的。

　　但尼德安的结论在 27 年后就被推翻了。1775 年左右，又有一批香浓的肉汤被意大利生理学家拉萨罗·斯帕兰札尼（Lazzaro Spallanzani）端上了烤架，斯帕兰札尼坚信那些导致腐败的小东西都是从空气里来的。为了证明自己的观点，他对实验用具进行了严格的煮沸消毒（当时或许还没有"消毒"这一说法，但人们已经发现煮沸能延长食物的保质期），肉汤炖了足够长的时间，用来装肉汤的容器也进行了严格密封。几天后，他的肉汤确实没有变味儿，斯帕兰札尼用更严谨的操作证明了自己的想法是对的。他还指出尼德安的肉汤之所以腐败，可能是没有煮够时间或者没有做好密封。

　　斯帕兰札尼的观点并没有使所有人信服，有人提出了"活力"学说、"自然生发"学说……在以后的近一个世纪里，学术界围绕着一锅肉汤争论不休。

　　直到 1858 年，一位日后举世闻名的法国化学家、微生物学家巴斯德终止了这场世纪争论，实验材料还是肉汤。在他实现这一系列成就的 30 年前，那些困扰着学徒工、家庭主妇以及广大科学家们的小东西们终于有了名字。德国的微生物学家克里斯蒂安·G.埃伦伯格（Christian G. Ehrenberg）也闯进了"列文虎克的花园"，他把在显微镜下观察到微小的、棒状的生物称为"细菌"（源于西班牙语的"小棍子"）。

为了彻底搞清楚细菌是哪里来的,巴斯德先是用无菌棉团和水证明了细菌无法从棉团和水中"自然生发"。随后,他也煮起了肉汤。当时玻璃的制造技术已经比较成熟了,巴斯德就为这个实验量身打造了一个新的工具——玻璃鹅颈瓶。如果将整个鹅颈瓶横放,就像是一只天鹅休憩的姿态,瓶子的上部是一根细长弯曲的玻璃管,神似天鹅的颈部,这样的结构有利于将肉汤里和管壁上的细菌全部杀灭。

实验开始时,半瓶肉汤被放在鹅颈瓶中煮沸,高温蒸汽沿着玻璃管一路杀菌前行。随后,巴斯德撤去热源将肉汤冷却,他并没有将鹅颈瓶进行密封,这样空气可以接触肉汤,但灰尘和细菌却会因为重力沉在玻璃管中弯曲的那一段,无法继续上升接触肉汤。就这样静置数月后,瓶中的肉汤依然没有变浑浊。但是如果将弯曲的玻璃管打碎,只需数小时,肉汤就会变得浑浊酸臭。

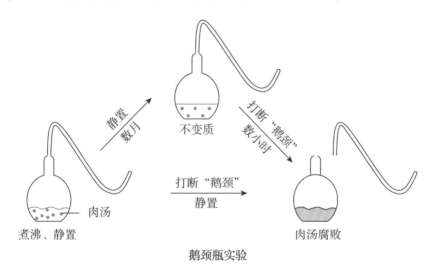

静置数月 → 不变质
打断"鹅颈" 数小时 →
肉汤 打断"鹅颈" 静置 →
煮沸、静置 肉汤腐败

鹅颈瓶实验

1864 年,巴斯德公布了这一实验及其结果。在接受了众多科学家的严格检验之后,这场关于微生物产生的"肉汤之争"终于落下帷幕:猫来自猫,鸡来自鸡蛋,一个微生物也来自另一个微生物。

## 更微小、更诡谲——病毒藏身何处

19 世纪后期,细菌学得到了前所未有的发展。科学家发现了越来越多的致病菌,无意中给人们造成了一种刻板印象:但凡能引起疾病的元凶,都是细菌。

人类对传染病的认识似乎跨入了"细菌时代"，但很快，人们发现了一些"例外"，而这些例外又促成了微生物研究史上一个新的里程碑。

　　我们知道凡是动物都会生病，植物也不例外。比如我们下面要讲到的烟草花叶病就是一种发生在烟草上的疾病。生病的植物虽然没有办法像人一样说出来，但它发黄而又畸形的叶片，却昭示着死亡的来临。由于患病烟草的叶片上会出现花斑状的坏死，因此这种疾病被称为"烟草花叶病"。一株烟草死亡并不可怕，可怕的是在烟草种植区中，一旦发现一株患病的烟草，那么很快这片区域中种植的大部分烟草都会相继死去。这奇怪的疾病无疑是所有烟草商人的噩梦，商人们绞尽脑汁预防和控制这种疾病，但都无济于事，因为他们根本不知道这种病是如何发生的。直到 1886 年，烟草花叶病的病因才有了一丝线索。当时在荷兰工作的德国人阿道夫·E. 麦尔（Adolf E. Mayer）发现，如果把患病的烟草研磨的汁液涂到其他健康的烟草上，很快这些健康的烟草像被患病的烟草"污染"了一样，叶子变黄并迅速枯萎死去。麦尔的发现说明这种疾病像细菌一样具有"传染性"，基本可以解释一株烟草发病后其他周围的烟草也会相继死去的现象。至此，向来喜欢刨根问底的科学家们又提出了新的问题——导致烟草花叶病的元凶是什么？

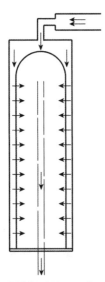

尚柏朗过滤器示意图

　　此时正是细菌学说发展的鼎盛时期，科学家们热衷于发现新的致病菌。俄国的 D. 伊万诺夫斯基（D. Iwanowski）就是热潮中的一员。当时科学家们为了将致病的细菌分离出来，发明了过滤除菌的装置，其中最有名的莫过于"尚柏朗过滤器"。这种过滤器是由陶制的内、外双管组成，把可能含有致病细菌的液体从外管加入，利用水压压入内管，从而达到过滤的效果。1892 年，伊万诺夫斯基根据麦尔的发现，猜测烟草花叶病的元凶可能就是细菌。他将除过菌的汁液滴到健康的烟草叶片上，按照他的猜想，健康的叶片应该依旧绿意盎然。然而实验结果和他的预期背道而驰，几天之后，本应绿意葱葱的叶片全都枯萎了，看到这一结果，伊万诺夫斯基的心也像这叶片一样黯淡无光。但如果不是细菌，那究竟是什么引起了烟草花叶病？难道还存在着比细菌更小的微型病原体？伊万诺夫斯基不敢想了，这样的猜想在细菌学说盛行的当下是相当不合群的声音，而他并没有足够的勇气去面对权威的质疑。因此，伊万诺夫斯基放弃了本来可以载入史册的发现，将其解释为细菌分泌的毒素导致了烟叶患病，并没有再做更深入的研究，而人们似乎也接受了这样的解释，并没有人提出反对的意见。

但是 6 年后，一位勇敢的科学家站了出来，发出了不一样的声音，他就是荷兰的细菌学家马丁努斯·贝叶林克（Martinus Beijerinck）。在重复伊万诺夫斯基的实验时，贝叶林克发现经过除菌的汁液确实依然能够使健康的烟叶患病，但和伊万诺夫斯基不同，贝叶林克认为除菌的汁液中含有某种不可见的、更小的致病微型生物。如何证明这些看不见的家伙呢？"雁过留声"，生命体的活动总会留下一些痕迹，聪明的贝叶林克利用这一点设计了一个非常巧妙的实验：将患病烟草除菌后的汁液滴在了透明的凝胶上，如果汁液中存在活体生命，那么它就会在凝胶中移动，从而在凝胶上留下痕迹。和预测的一样，贝叶林克果然在凝胶上看到了一条条不规则的曲线，他欣喜地将这一发现记录下来，并将发现的这些微型生物命名为"virus"，即"病毒"。

受限于当时的科技水平，贝叶林克并不能在实验室中培养出病毒，也没办法直接"看"到病毒。因此"病毒"这一概念一度淡出了人们的视野。时间如白驹过隙，一转眼 40 年过去了，随着蛋白结晶技术的诞生，美国的生化学家温德尔·M. 斯坦利（Wendell M. Stanley）应用蛋白质结晶的方法，成功结晶出了烟草花叶病毒，从而证明了贝叶林克的猜想。之后，随着电子显微镜的出现，科学家们终于在 1939 年看到了细长的烟草花叶病毒。但遗憾的是，提出"病毒"这一概念的贝叶林克已经在 1931 年去世了，没能亲眼看到烟草花叶病毒的真身。

烟草花叶病毒的电镜照片

## 神秘的"细菌杀手"——噬菌体迷踪

19 世纪末期，印度的恒河两岸暴发了严重的霍乱，当时在印度恒河负责统计河水中的霍乱弧菌（*Vibrio cholerae*）数目的细菌学家厄内斯特·汉金（Ernest Hankin）发现了一个神奇的现象：恒河的上游和下游的霍乱弧菌的数目差异巨大，下游的霍乱弧菌数目竟然是上游数量的千分之一！出于细菌学家的直觉，汉金认为河水中存在着某种可以杀菌的物质。但可惜的是，汉金只是记录下了这一现象，并没有进行进一步的研究。

无独有偶，1898 年，俄国的科学家尼古拉·伽马莱亚（Nikolay Gamaleya）在一次培养炭疽杆菌（*Bacillus anthracis*）的时候，意外发现自己培养的炭疽杆菌悬液竟然变得清澈透明，这说明培养液里的炭疽杆菌都死亡了！这是为什么呢？带着疑惑，伽马莱亚又重新培养了一批炭疽杆菌，并将含有炭疽杆菌"尸体"的培养液滴加在了这批新培养的炭疽杆菌里。半天之后，这批新培养的炭疽杆菌也死亡了！伽马莱亚认为是由于炭疽杆菌分泌了一种能溶解细菌的酶造成的。

1915 年，英国微生物学家弗德里克·W. 特沃特（Frederick W. Twort）在研究牛痘的时候发现，将牛痘从牛的皮肤上取下来接种到琼脂培养基时，不可避免地会带有皮肤组织，因此琼脂培养基上会长有微小的球形菌落（以下简称"微球菌落"）。奇怪的是，这些微球菌落经过一段时间的培养后，会由白色变得透明。这一特殊的现象引起了特沃特的注意，为了排除细菌的影响，谨慎的特沃特采集变得透明的微球菌落，将其用无菌水稀释 1000 倍后，通过除菌器除菌。然后他将得到的滤液滴加在白色微球菌落上，这些白色的微球菌落慢慢变得透明。几天之后，整块琼脂培养基上已经看不到白色的菌落了。

　　特沃特兴奋异常，这提供了一个很重要的线索——微球菌落中确实存在某种可以杀菌的"物质"，而且这种"物质"可以随时间而增加。能够随时间递增？这说明杀菌的恐怕不是一种"物质"，而是一种生命体！特沃特一下就想到了病毒，因为病毒可以同时满足"穿过除菌器"和"随时间递增"两个条件。

　　在这场抓捕杀死细菌"凶手"的侦探游戏中，前两位大侦探——伽马莱亚和特沃特给出的答案已经非常接近真相了，这时第三位大侦探出场了。

　　作为最后登场的大侦探菲利克斯·德赫雷尔（Félix d'Herelle），在伽马莱亚和特沃特的基础上进行了更深入的研究。他从痢疾患者的粪便中分离出痢疾杆菌并进行培养。他发现，病情好转的病人粪便培养出的痢疾杆菌一段时间后会自行发生裂解现象，而来源于那些较重的病人的痢疾杆菌则不会。他将含有发生裂解的痢疾杆菌的培养液进行反复传代，发现痢疾杆菌被裂解的速度也越来越快。与特沃特不同的是，德赫雷尔的实验直接证明了这种"神秘物质"可以自我复制，而这在生命科学领域是非常重要的，这意味着"神秘物质"可能是一种生命体。德赫雷尔认为这种"神秘物质"是一种病毒，并将其命名为"噬菌体"。

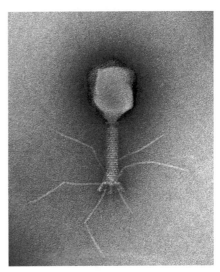

T4 噬菌体透射电镜渲染图

如今，噬菌体在生物医学领域有着巨大的应用潜力。在医学方面，科学家们通过生物工程技术对野生的噬菌体进行改造，用于治疗细菌感染性疾病。相较于传统的抗生素疗法，噬菌体疗法的优势在于细菌不会产生耐药性，并且噬菌体非常"挑食"，一类噬菌体只会特异性地裂解某类细菌，因此不必担心身体里的益生菌被"乱枪打死"。2019年，首个静脉注射噬菌体的疗法获批并投入使用。或许在不久的将来，噬菌体就可以正式成为人类的好帮手了。

## 特殊的微生物：立克次氏体

斑疹伤寒曾经在相当长的一段时间内给人类带来过灾难性的伤害，连横扫欧洲大陆的拿破仑都"败"在了它的手下。但是这一嚣张的疾病最终还是被人类征服了，这一功劳主要归功于美国病理学家霍华德·T. 立克次（Howard T. Ricketts）。

20世纪初，当时正在密苏里休假的立克次发现当地出现了一种奇怪的病——落基山斑点热。患者会持续高烧不退，皮肤出现红色的斑点，一般10天之后就会死亡。立克次经过严密的逻辑分析，亲自去患者曾经去过的野外进行考察，最终在一个峡谷中找到了会传播落基山斑点热的壁虱。立克次将这种壁虱带回实验室，从中分离出了一种极不寻常的微生物。这种微生物不能在培养基上生长，必须要依赖于活细胞。它比病毒大但比细菌小，似乎是介于细菌和病毒之间的东西。

非常遗憾的是，立克次在研究这种微生物时不幸感染而去世。他的去世引起了整个科学界的震动，人们被他这种为科学鞠躬尽瘁的精神深深打动了。在立克次去世后的第五年，人们为了纪念他在落基山斑点热和斑疹伤寒上作出的巨大贡献，将他发现的这种微生物命名为"立克次氏体"（Rickettsia）。

如今，对于立克次氏体的研究已经非常深入，对于由它引起的斑疹伤寒，人们也找到了行之有效的治疗方法，大大降低了斑疹伤寒的死亡率。

# 三、微生物的家族

　　在一一与微生物们见过面并为它们起名以后，科学家们开始给微生物们"修家谱"。目前对微生物的分类方式有很多，这一部分将着重向大家介绍一些比较容易理解的分类方式。科学家们根据微生物的不同特征，将微生物分为原核微生物、真核微生物以及病毒三大类，此外，还有一些比较特殊的微生物，在此也会进行一些介绍。

57

## 一目了然——微生物的特色家徽

　　前面我们谈论微生物世界的时候总是会提到一个例外，那就是这个世界里的巨人——真菌。真菌是一类真核生物，包括了霉菌、酵母、蕈菌等。分辨真菌相对比较容易，像蕈菌和一部分霉菌都能长到肉眼可见。蕈菌是真菌进化中最为高级的种类，它们通常会长出较大的子实体，我们常吃的口蘑、香菇、金针菇等，就是蕈菌们的"子实体"。子实体是蕈菌们繁殖的一种手段，在大多数的时间里，蕈菌们都以菌丝体的状态潜伏在富含有机物的基质中。一旦环境适宜，蕈菌们就会长出颇有个性的子实体将孢子播撒出去。早期对蕈菌的分类大多是根据它们子实体的外形来分的，最常见的是伞状，也有耳状、舌状、笔状、球状等。现代分类学认为蕈菌属于真菌的子囊菌亚门和担子菌亚门，其中我们经常食用的蕈菌有蘑菇属、虫草属、灵芝属、木耳属等的成员。

伞菌

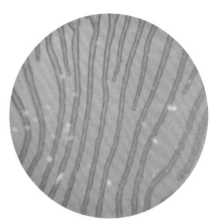

光学显微镜下的伞菌切片

58

## 千姿百态的真菌

一般我们能够看到的大型"真菌"，实际上主要是它们的子实体，它们的菌丝可以在基质中绵延数十米。这就好比我们看到的蘑菇就像是一座冰山，我们只是看到了冰山浮在海面上的一角，但仅就这样一角，也是十分多姿多彩的。

长在落叶堆里的鹿角菌，如果不仔细看，会让人以为是一根插在地上的枯树枝。地上也会冒出"小星星"，科学家们根据它们的样子把它们命名为"地星"。类似这样拥有

红色四叉鬼笔

奇奇怪怪造型的真菌还有很多，我们在潮湿的天气，在有丰富腐殖质的土地上、树上有机会见到它们。

鹿角炭角菌           地星

大型真菌中有很多可食用的品种，但是盲目食用野生真菌是一件极度危险的事情。剧毒的毒蝇伞会长出漂亮的红色伞盖，在绿油油的草地中独树一帜，但它也和鲜美的红菇有点相似；有些真菌比如牛肝菌的部分类型是可以食用的，但还是有一部分是有毒的，会使人产生幻觉；看起来白白净净的致命白毒伞，仅需一个就能毒死一个成年人……所以在野外遇到野生真菌，千万不要采集食用！

除了蕈菌以外，霉菌也是比较容易被看见的，常见的有长在豆腐上的毛霉、长在橘皮上的青霉、长在大米上的红曲霉等。

但同样是真菌的酵母们，就没有那么好分辨了。酵母们也可以通过生长代谢在培养基上呈现出有颜色的菌落，比如红酵母属（*Rhodotorula*）的真菌，能够产生红色或黄色的色素。但白色的酵母就有很多种，就不能简单地用肉眼分辨了。

相对于真核微生物来说，原核微生物的数量和种类更多。而且大多数原核微生物，也即我们说的细菌，个体非常小，就算形成菌落也大多呈现乳白色的一小坨，十分没有辨识度。但有了显微镜的帮助，人们很快就找到了给它们分门别类的方法。

不同的植物，叶片形状、花的形态等都是不一样的，这些都是这种植物的表型特征。细菌也是如此，每一种细菌都是独一无二的，这里讲的表型特征分类

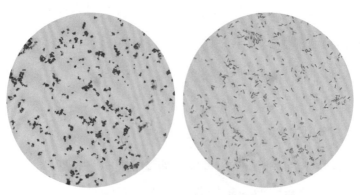

接种在同一个培养基上不同颜色的菌

法，就是基于细菌的形态特征、染色性、培养特性以及其他生理生化特征对细菌进行分类。这种分类方法至今依然适用，尤其是在临床微生物诊断中具有重要的意义。我们可以依据细菌的形态、培养特性等将细菌划分到科、属，再根据细菌的生理生化特征将它们细化分为不同的种。

革兰氏染色——一种最常用的细菌染色方法。1884年，丹麦医生汉斯·C.革兰（Hans C. Gram）发明了这种鉴定方法。这种染色方法是利用不同种类细菌细胞壁的生理生化特征不同，在染料的作用下会呈现出不同的颜色，从而对细菌进行区分。这种染色方法可以将细菌分为革兰氏阳性菌和革兰氏阴性菌两种。简单来说，革兰氏阳性菌的细胞壁比革兰氏阴性菌的细胞壁拥有更厚的肽聚糖，会将结晶紫这种颜料阻拦在细胞壁中，使得菌体呈现紫色；而革兰氏阴性菌则无法留下结晶紫，但能被沙黄等颜料染成红色。在疾病诊断时，由于不同抗生素对应的抗菌种类不同，因此区分革兰氏阳性菌和革兰氏阴性菌就非常重要，只有正确判断主要是哪一类菌感染才能做到对症下药，因此时至今日，革兰氏染色仍然是一种很常见的细菌区分方式。

革兰氏阳性菌（左边）和革兰氏阴性菌（右边）

麦康凯培养基显色——一种弱筛选型培养基。麦康凯培养基具有一定的抑菌能力，该培养基中的胆酸盐，能抑制革兰氏阳性菌，但对于革兰氏阴性菌的生长是有利的，因此可以从众多细菌中快速筛选出革兰氏阴性菌。下图展示的是在麦康凯培养基上长出的大肠杆菌和沙门氏菌（*Salmonella*）。其中，大肠杆菌菌落为菌落中心呈深桃红色、圆形、扁平，而沙门氏菌的菌落为无色或浅橙色。这是因为大肠杆菌能够产生乳酸，而乳酸可以使培养基中的中性红 pH 指示剂变成红色，从而让整个菌落呈现出粉红色。

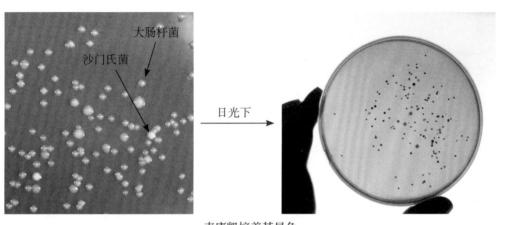

麦康凯培养基显色

## 遗传学分类方法——查查"家谱"

表型特征分类法在大多数情况下可以用于判定不同属甚至不同种的细菌，但却无法进行更细致的划分。遗传物质的发现，使利用遗传物质实现对微生物种类的进一步细分成为可能。生物遗传物质包含 4 种碱基，分别是 A（腺嘌呤）、T（胸腺嘧啶）、C（胞嘧啶）、G（鸟嘌呤）。遗传学的分类方式是基于这样一个遗传学原理：同一个生物 G+C 的碱基百分含量在 DNA 中是恒定的，因此通过比较 G+C 的百分含量，就可以区分不同的细菌。当然，这种方法并不是百分之百准确的，因为不同种的细菌也有可能有相似的 G+C 百分含量，但是 G+C 的百分含量不同，肯定不是同一个种的细菌。一般认为 G+C 的百分含量差异超过 5% 为不同种，超过 10% 为不同属。

DNA 上不同的碱基

后来，随着测序技术的兴起，科学家们可以直接测定细菌的核糖体 RNA 序列（即 16S rRNA 测序）。之所以选择核糖体 RNA，是因为其在进化上既富有高度保守的序列区域，又有中度保守和高度变化的序列区域，同时长度又可以满足鉴定的需求。两个细菌的亲缘关系越近，则其核糖体 RNA 的序列就越相似，科学家依此来确定这两个菌在进化上的位置关系。

测序，还能给病毒分门别类。病毒主要由核酸和蛋白质组成，但没有自己的代谢系统，因此不能脱离寄主独自完成复制。当病毒进入宿主细胞后，会利用宿主细胞的能量、物质以及它自己的核酸来进行自我复制，产生与它一样的下一代。当然病毒也并不都是由核酸和蛋白质组成，几种特殊的种类，如没有蛋白质衣壳只有 RNA 的类病毒、有衣壳和环状单链 RNA 能感染病毒的拟病毒、只由蛋白质构成的朊病毒等，无法通过常规的测序进行分类。因此病毒的分类不能仅仅依赖测序一种方法。

1963 年，国际微生物学会联合会（International Union of Microbiological Societies，简称 IUMS）根据克里斯托弗·安德鲁斯（Christopher Andrewes）提出的分类建议又提出了新的 8 项分类原则：核酸的类型、结构和分子量；病毒粒子的形状和大小；病毒粒子的结构；病毒粒子对乙醚、氯仿等脂溶剂的敏感性；血清学性质和抗原关系；病毒在细胞培养上的繁殖特性；对除脂溶剂以外的理化因子的敏感性；流行病学特征。

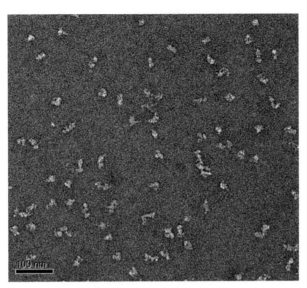

病毒的蛋白质在电镜下的形态

目前，最常用的病毒分类系统是由诺贝尔奖获得者生物学家戴维·巴尔的摩（David Baltimore）于20世纪70年代早期开发的一种分类系统。除了根据形态学和遗传学上的差异来区分病毒外，巴尔的摩分类法还提出需要根据病毒复制中信使RNA的产生方式对病毒进行分类。

1966年，在莫斯科举行的国际微生物学代表会议上，国际病毒分类委员会（International Comittee on Taxonomy of Viruses，简称ICTV）宣告成立，这个委员会的主要工作就是要建立一个适用于各类病毒的分类系统。经过一次又一次的激烈讨论，国际病毒分类委员会不断提出并改善病毒的命名和分类原则，逐步形成了由目、科（亚科）、属和种分类阶元构成的病毒分类系统。该委员会每隔几年就会补充和完善一些病毒的分类。随着病毒分类系统的不断完善，病毒分类学也日趋成熟。

# 四、伟大的战士

在种类繁多的微生物中，绝大多数都能与人和平共处，互利共赢。但总有那么几个不安分的"捣蛋分子"，伺机侵入人体，"挟持"人体的组织细胞，在人群中展开残酷血腥的"生物战"。这场"生物战"不知从何时、何处开始，在地球的各个角落此消彼长，伴随着人类的繁衍生息，带来了无数的灾难与伤亡。可以说，人类史也是一部人类与微生物的抗争史。在战争中，一批批勇敢的医生、科学家毅然站了出来，他们用智慧和坚持，发现了隐藏在暗处的"敌人"，找到了克敌制胜的方法，使人类免受更大的伤亡。

64

## 天花的终结者——詹纳

天花是一种会引起人严重毒血症状的疾病，感染者面部、四肢和躯干会出现脓疱疹，并伴随高烧、乏力、头痛、身体酸痛等症状。大约有接近三分之一的天花患者会死亡，而幸存者也都会留下触目惊心的疤痕。密集的痘坑终身留在脸上，给幸存者带来沉重的心理阴影。

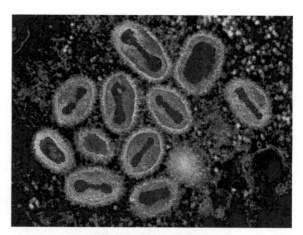

天花病毒透射电镜渲染图

　　像许多生物那样，病毒也会进化。天花病毒的祖先最初可能是寄宿在牲畜身上的一种痘病毒，但是随着农耕文明的发展，畜牧业也日益发达，在牲畜与人类的朝夕相处中，这些痘病毒盯上了新的宿主——人类。痘病毒的这场"迁徙"给人类带来了数次灭顶之灾。原本在牲畜身上比较温和的痘病毒，感染到人的身上就成了致死率极高的烈性病毒，并且一度横扫各大文明古国。据说，公元前1157年，古埃及法老拉美西斯五世暴毙的罪魁祸首就是天花，而在美洲大陆，欧洲殖民者带去的天花病毒与枪炮一起覆灭了强大的印加帝国。

　　到了十七世纪，天花与黑死病比肩而行，当时总人数仅4000万的欧洲，每年因天花死亡人数居然高达44万，而存活者多半也都毁了容。病毒是无情的，无论人们怎样地向上天祈祷，无论贫穷还是富贵，都难逃其魔爪。不少达官显贵都不可避免地被感染并死亡，知名的有英国女王玛丽二世、俄国沙皇彼得二世、法国国王约瑟夫一世和路易十五等。那个时期的西方在病魔"统治"之下，人人都谈"花"色变，医生也束手无策。此时东方的中国，也面临着天花的肆虐，

现代的疫苗接种

当时的清朝有许多王公贵胄都感染过天花。顺治皇帝的八位皇子中有四位、六位公主中有五位不幸死于天花，侥幸从天花魔爪之下逃过一劫的皇三子爱新觉罗·玄烨，也就是后来的康熙皇帝，在登基后大力推行"种人痘"，在"天时地利人和"之下，该法传播到了欧洲。人们听说，用蘸有天花病人脓液的小刀在健康人皮肤上划一个小口，可以预防天花。但是，这种方法风险较大，由于当时还没有有效的病毒减毒方法，如果接种了强致病性的天花病毒毒株，或是接种剂量不合适，接种者依然有感染天花并死亡的风险。面对有风险的种痘法，有些人选择听天由命，而有的人则思考其中的原理，并解决其中的问题。来自英国的乡村医生爱德华·詹纳（Edward Jenner）正是后者，他思考并实践了他的研究，促成了天花疫苗的产生。

1749 年，詹纳生于英格兰格罗斯特郡伯克利村一个牧师家庭，幼时丧父，由兄长抚养长大。詹纳从小目睹了许多天花病人的痛苦与离世，立志成为一名治病救人的医生。1770 年，詹纳赶赴英国伦敦，在著名外科医生约翰·亨特（John Hunter）门下学习，并在那里第一次接触到了人痘法。1775 年，詹纳完成学业回到家乡，成为一名乡村医生，给当地的农民和牧场工人接种人痘，工作之余也从事病理解剖和兽医研究。当时，接种人痘前要采取放血、节食等处理，这样往往导致接种者身体非常虚弱，死亡风险很高。詹纳看在眼里急在心里，迫切想寻求一种好的解决办法。

爱德华·詹纳

一次农场问诊的机会让詹纳了解到，感染过牛痘的挤奶工不会再得天花，于是他开始深入牧场，在挤奶工中采样调查。从研究人痘转变为研究牛痘，詹纳致力于找寻牛痘从奶牛传播到人身上的证据。经过大量实验后，詹纳发现牛痘病毒与引起人类天花的病毒具有一些十分相似的性质，人感染过牛痘后，也可能会同时获得对天花病毒的免疫力。得出这一结论后，詹纳开始想要在人身上尝试接种牛痘。

然而，当时几乎没人愿意接受这一冒险的想法。1796 年 5 月 14 日，詹纳终于找到了愿意接受试验的人。受试者是一名叫詹姆斯·菲浦士（James Phipps）的 8 岁小男孩，而提供毒株的人是一名叫莎拉·尼姆斯（Sarah Nelmes）的挤奶女工。尼姆斯早在几天前从奶牛身上感染了牛痘，手上长起了脓疱。詹纳从尼姆斯手臂上的痘痂里取出一点点黄色脓液，又用小刀在菲浦士的上臂划开一道小口，将脓液涂抹到小口处。就是现在看来这么简单的实验，让大家都为这个男孩捏了一把汗。三天后菲浦士的接种处出现了小脓疱；第七天，他的腋下淋巴结肿大；

到了第九天，菲浦士开始发热，略感周身不适，不久局部就开始结痂，除了接种处留下了一块紫黑色的疤痕，便再无其他症状出现了。然而，试验并没有结束，到了第七周，詹纳又给菲浦士接种了天花患者的脓液。这次是真正的人痘病毒，危险性可想而知，詹纳也十分忐忑不安。可是几周过去了，菲浦士安然无恙，既没有发热也没有出痘，这次大胆的实验证明了詹纳的预防接种方法是有效的，世界上首次人体牛痘接种实验宣告成功。

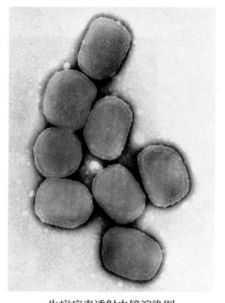

牛痘病毒透射电镜渲染图

随后，詹纳多次改进接种方案，将接种材料由第一次实验的牛痘自然感染者，改进为患牛的痘痂，最后又改用牛痘接种者的痘痂。经过不断地改进和实验，最终，詹纳证实该方法能够有效预防天花。1797 年，詹纳将研究成果写成论文并递交给皇家学会。可是，由于当时的人伦道德约束，詹纳的实验被皇家学会强烈抨击，并拒绝发表詹纳的论文。无奈之下，詹纳只好自费出版了一本名为《牛痘原因及结果的研究》的书，里面详细地介绍了接种牛痘治疗天花的方法。

但图书的出版引起了医学界保守派医生的强烈反对，有人甚至称詹纳是"骗子"。虽然不能被外界接受，但詹纳依然坚信自己的实验数据，并预言自己的研究将会在未来制止天花的肆虐。随着治愈者的增多，詹纳的研究成果慢慢地传播到了各个国家，大西洋对岸的美国也开始采用种痘法。法国皇帝拿破仑更是邀请詹纳为皇室家族接种牛痘，并授予他"罗马之王"的称号。一时之间，詹纳的处境大为转变，人们开始纷纷赞扬他的救世之举。就连当初拒绝刊登他研究成果的英国皇家学会态度也发生了180度大转变，英国国会两次为詹纳颁发巨额奖金，更有好事之徒想要跟詹纳联手趁机大赚一笔。然而，詹纳断然拒绝了这种诱惑，反而把牛痘法无偿推广了出去，又将获得的大部分奖金送给了菲浦士一家，以此来感谢这个自愿接受试验的家庭。

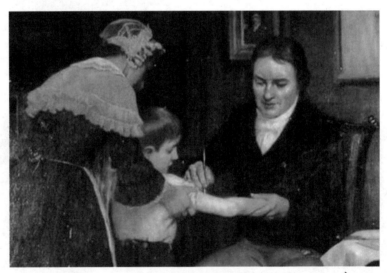

詹纳在为儿童接种疫苗

1823年1月26日，这位伟大的医生因病去世。去世前，詹纳一直住在伯克利的旧公寓内，持守着自己简朴的生活习惯，将全部心思用于科研。由于当时的运输条件、保存方式、文化差异以及部分国家经济和防疫体系的不健全，天花疫苗在全球范围内的推广较为缓慢。直到1980年5月，世界卫生组织才宣布天花已在全球范围内消灭了天花病毒。詹纳的发明不仅仅使世界摆脱了天花这种可怕的疾病，他也开创了免疫学。詹纳因此被称为"免疫学之父"，他值得人们永远铭记。

## 科赫法则的制定者——科赫

自从詹纳发明了牛痘疫苗后，欧洲迎来了医学和微生物学的发展期，人们对未知事物的探索更加深入，实验技术手段日新月异，免疫学和疫苗学也逐步发展起来，生物学进入了实验生物学阶段。在当时，人们认识到生活中充斥着微小且有害的生物，但是没有一个标准来认定致病菌，有时医生甚至分不清导致疾病的原因是不是微生物，直到科赫法则诞生，这个问题才得以解决。

科赫法则，又被称为"证病律"，是由罗伯特·科赫（Robert Koch）创建的理论体系，被用于证明某一种病原体是某一疾病的原因。该法则逻辑十分缜密，创立之初在业内外引起了不小的轰动，科赫通过其创建的法则发现了包括炭疽杆菌、结核杆菌、霍乱弧菌等在内的烈性致病菌，这一切或许要从他夫人送给他的那台显微镜开始……

罗伯特·科赫

### 科赫法则的主要内容及其延伸

科赫法则的内容如下：

1. 为证明某一种细菌是某种疾病的致病原因，必须在这种疾病的所有病例中都发现有这种细菌；

2. 必须将这种细菌从病体中完全分离出来，在体外培养成纯菌种；

3. 这种纯菌种，经过接种后，必须能将疾病传给健康的动物；

4. 按上面规定的方法接种过的动物身上，必须取得同样的细菌，然后在动物体外，再次培养出这种纯菌种。

后来这一法则还拓展延伸到判断病毒等病原体上。

1866 年正值普法战争，刚刚从德国哥廷根大学医学院毕业的科赫在军队中当了一名随军医生。普法战争结束后，科赫回到东普鲁士成了小镇医生。战争后的东普鲁士炭疽病肆虐，由于当时落后的微生物学知识，人们认为炭疽病是由一种毒素引起的。为找到真正的病因，科赫对该病展开了细致的研究，他在家里建了一个简易的实验室，而深爱他的妻子用自己的全部积蓄为他添置了一台显微镜。自从 1873 年开始，他去农民家出诊时，若刚好遇到患了炭疽病的牛羊，必从这些牛羊身上提取血液样本，并带回实验室在显微镜下观察。在观察了许多样本后，科赫发现在每只患病家畜的血样中都能看到一种小东西，他在实验记录中描述这些细小的东西比红细胞还小，长条形，像一根根小木棍，这些东西常常连成一串，并能看到微微的摆动。坚持观察样本半年后，科赫确信在患炭疽病的牛羊体内都存在这种小棍状的生物。后来，科赫将从患病牛血中分离出的小棍状生物注射到实验小鼠体内，被接种后，小鼠开始出现动作僵硬、肌肉痉挛等一系列炭疽病的症状，并很快死亡。于是科赫对小鼠尸体进行了解剖，他取出小鼠肿大的脾脏磨碎，取研磨液在显微镜下观察，竟然又发现了与之前相同的小棍状生物！为了保证实验的完整性和可信性，科赫将研磨好的脾脏悬液又接种给了健康的小鼠，第二天该小鼠也出现相同的症状并死亡，同样的方法重复了 30 次后，每一次的结果都指向一个答案，导致炭疽病的元凶就是最开始那些牛羊血样中的小棍状生物，科赫终于确信了这个结论，并称这些"小木棍"为炭疽杆菌。这次炭疽杆菌的发现过程是人类第一次通过科学的方法证明某种特定微生物是某种特定疾病的病原。

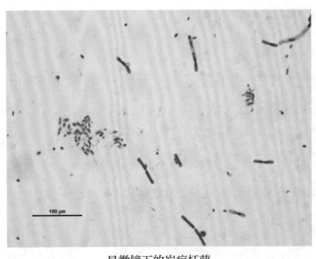

显微镜下的炭疽杆菌

因为这项重大的贡献，科赫在 1880 年被聘到德国柏林皇家卫生局工作。

1882 年，科赫通过自己的理论发现了引起肺结核的病原菌，1883 年在印度发现霍乱弧菌。经过几十年的论证和实践，科赫总结出了著名的"科赫法则"。1855 年，科赫担任柏林大学卫生学教授和卫生研究所所长，并继续致力于研究病原菌的发现和方法学的推广，他还在这里培养了一大批优秀的微生物学家。在科赫法则的指导下，19 世纪 70 年代到 20 世纪 20 年代，科学家们先后发现了不下百种病原微生物，既包括动物病原菌，又包括植物病原菌，该时期也成了发现病原菌的黄金时代。

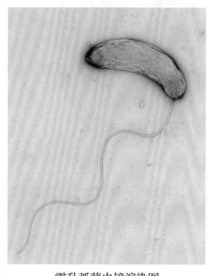

霍乱弧菌电镜渲染图

71

除了在病原体确证方面作出的奠定性工作，科赫还创立了许多生物学方法，例如分离和纯化培养技术、培养基技术、染色技术等，并且这些技术一直沿用至今。1905 年诺贝尔医学与生理学奖授予科赫以表彰其在肺结核领域作出的杰出贡献。

这样一位功勋卓著的人，他的人生实在是太忙碌了，他常常把自己关在实验室里，废寝忘食地研究各种病原体，许多人甚至觉得他是一个疯子。1910 年，科赫因心脏病去世，身边还带着一台显微镜。

## 万物生灵的拯救者——巴斯德

1822 年，巴斯德出生在法国的一个普通家庭，拥有旺盛的好奇心与喜欢刨根问底的他，逐渐成长为一名优秀的学生。

巴斯德原本对物理和化学非常感兴趣，他对于科学研究的热爱或许和科赫不相上下，他终日窝在实验室里，同学们戏称他为"实验室的蛀虫"。他并不在意别人怎么看他，在取得博士学位后，他很快在化学界有了突破。当时晶体研究蓬勃发展，巴斯德从他喜欢喝的酒入手，发现了酒石酸的镜像异构体。

年轻有为的他在科学界崭露头角，大学邀请他去做教授，实验室开出重金邀请他去做研究，酿酒厂厂主请求他找出葡萄酒变酸的原因……同时他也收获了爱情，他和玛丽·洛朗（Marie Laurent）结婚后，先后有了五个孩子。但不幸的是，他和玛丽的五个孩子中有三个死于伤寒，从此巴斯德就跟致病微生物杠上了。他爱国、爱家，他不允许微生物再肆无忌惮地夺走生命。

路易斯·巴斯德

他用精妙的方法否定了科学界一直以来笃信的"自然发生论"，也创造出了既能保持食物风味，又能有效杀灭微生物的巴氏灭菌法，在"知己知彼"之后，他开启了"百战百胜"的征程。

72

## 让食物安全又营养——巴氏灭菌法

四海八荒，微生物无处不在，空气中、发丝中、皮肤上都有各种各样的微生物生存着。这些微小的生命一旦扎根在某一处肥沃之地，便会茁壮生长，于是食物会发霉变质，皮肤会溃烂流脓。与人类很像的是，这些小东西也喜欢温热的气候，而讨厌极端的环境。心细如巴斯德，在研究中发现大部分微生物对于高温和强酸的环境都不能耐受，而在低温的环境下又繁殖缓慢；聪明如巴斯德，利用微生物的这一生活习性，创造出了一种既不破坏食物中的营养成分，又能杀灭其中微生物的有效办法，后来被人们称为"巴氏灭菌法"。

简言之，巴氏灭菌就是将食材加热至68～70℃，并维持此温度30分钟，之后快速冷却到4～5℃。与本书第一章描述的湿热灭菌法不同，巴氏灭菌法在保证了杀灭大部分细菌的情况下，又能最大限度地保留食物的营养价值。但是，经过巴氏灭菌后，仍有一小部分无害的、较耐热的细菌或细菌孢子存活，因此，巴氏灭菌后的食物仍需低温保存，且最多保存两周。

如今我们饮用的鲜牛奶就利用了巴氏灭菌法，这样既能够杀菌又保证了牛奶的品质。此外，巴氏灭菌法也解决了葡萄酒变酸的问题。未经高温的葡萄酒是乳酸杆菌的温床，因而导致葡萄酒在酿制过程中常会变酸。巴氏灭菌法可以有效杀灭乳酸杆菌，这样就能保证葡萄酒的风味了。

1860 年，欧洲大陆暴发蚕病，作为法国经济重要支撑的蚕丝业遭遇了重创。在老师 J. B. 杜马（J. B. Dumas）的举荐下，对蚕几乎一无所知的巴斯德临危受命，前往当时的养蚕重镇。他通过细致的研究，发现了蚕的"胡椒病"和一种细菌性软化病，并找出了简单可行的解决方法，挽救了当时法国的养蚕业。

1877 年，巴斯德开始调查来势汹汹的鸡霍乱。养鸡场的鸡们几分钟前可能还活蹦乱跳的，没过一会儿就拍拍翅膀倒地死亡了；另有一些鸡精神萎靡，羽毛凌乱，懒得吃饭但喝很多水，经常缩着脖子打瞌睡，腹泻、高烧一直伴随着它们直到死亡。巴斯德解剖了病鸡，发现它们的血液、肝脏等器官中都有一种杆菌，将这种菌的培养物浓缩液注射到鸡身上，鸡很快就死掉了。巴斯德很快锁定了这些杆菌就是导致鸡病死的罪魁祸首，同时经过反复实验验证，将浓缩液放置一段时间以后再注射，鸡就不会再病死。由此他制备了鸡霍乱的减毒疫苗，挽救了养鸡场的损失。后来，人们将他发现的鸡霍乱病菌命名为"巴氏杆菌"。

有了制备鸡霍乱疫苗的经验，巴斯德意识到这种方法或许可以用以预防其他传染病。当时的法国东部正在流行牛羊的炭疽病，炭疽病给畜牧业造成了巨大的损失，有时也危害到人类。巴斯德采用鸡霍乱疫苗的制作方式，将从病畜身上分离的炭疽杆菌放置一段时间后注射入健康羊的体内，但这次没有那么简单，羊很快就病死了。为了寻求可靠的减毒疫苗，他带人刨开了数年前埋葬死羊的地方，从泥土中分离出炭疽杆菌孢子。然而数年的时光也没有削弱炭疽杆菌的毒力，他又尝试了高温减毒的方式，这次他终于成功了，数以万计的牲畜因为他的疫苗免受炭疽杆菌的骚扰。

巴斯德一生马不停蹄地研究着对抗微生物的方法，挽救了无数的生命，这其中最广为人知的，大概就是他发明狂犬疫苗的故事了。

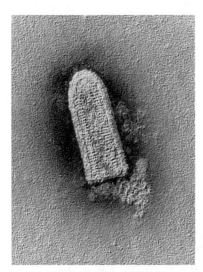

狂犬病毒透射电镜渲染图

19 世纪，狂犬病开始在法国流行，普通人若被流着口水的疯狗咬伤，则会在几天内发病，得病者遇见水或听到水声便会全身抽搐，亢奋躁动，数日后会因心肺衰竭而死亡。葛洪最早描述过此病，称之为"恐水症"，并无意中制作出了原始的"疫苗"，但理论基础和技术手段都比较原始，狂犬病的发病风险依然较高。我国古代采用烧红的针来针灸的方法抑制病原体的扩散，而在西方也有类似的方法，村民为尝试治疗此病甚至会请铁匠用烧红的烙铁熨烫伤口，想以此"烫"死病菌，但这种做法除了增加痛苦外几乎无济于事，有时还会造成患者当场死亡，或因为烫伤的继发感染而死亡。

那时的巴斯德已年近六十，已经是微生物学界的翘楚。他拯救了蚕、鸡和各种牲畜，但对于人类传染病疫苗的研发应用，他也并没有十足的把握。常年的劳累使他早在 1868 年就中过风，还留下了比较严重的后遗症，但看着狂犬病对人类的摧残，他坐在轮椅上，振作精神，决定向其宣战。

1880 年底，一位兽医带着两只疯犬来寻求巴斯德的帮助。巴斯德马上组建起一个小组，着手疫苗的研发。冒着被疯犬咬伤的危险，巴斯德采集了疯犬的唾液并注射到健康犬的大脑中，健康犬很快便发病死亡。经过多次重复实验，巴斯德推断出这个"病菌"主要分布在神经系统中。为了方便研制疫苗，巴斯德在比较温顺的兔子身上进行了相同的实验，不同的是，这次巴斯德将病死兔子的脊髓取出，在无菌烧瓶中晾干。晾干后的脊髓毒性减低，将其研磨成粉并与蒸馏水混合后注射给健康犬，一段时间后，再用致病性的"病菌"感染接种过的犬，经过反复验证，接种过这种被干燥且反复传代"病菌"的健康犬都能从恶性"病菌"中神奇地活下来，即使直接接种到健康犬脑部，也不会导致发病。那时巴斯德还不知道这种"怪病"是由病毒引起的，但狂犬疫苗就这么诞生了。

1885年，一个被疯狗严重咬伤的小男孩被带到了巴斯德面前，这时，虽然狂犬疫苗在动物上的试验已经很成功，但是从来没有在人类身上试验过，而且巴斯德不是医生，他面临着巨大的风险和压力。再三考虑后，巴斯德觉得如果放任不管，男孩极有可能在一个星期后发病死亡，不如试一试抓住这一线生机。男孩先被注射了毒性减低的疫苗，然后再被注射了较强毒性的疫苗。数月之后男孩安然无恙，他成功地逃脱了狂犬病的魔爪。1886年巴斯德又用同样的方法救了一位牧童。消息传开后，国内外去找巴斯德救助的人络绎不绝，一年内就有38位俄罗斯农民千里迢迢去巴黎寻求救助。

1887年，为了表彰巴斯德在生物医学方面作出的种种贡献，法国在巴黎成立了巴斯德研究所，这一研究所自建立以来一直致力于对疾病的预防和治疗等

本书作者们在中国科学院上海巴斯德研究所

科学研究、培训和其他公共卫生相关工作。如今巴斯德研究所在世界各地拥有
24个分所，2005年7月，由中国科学院和法国巴斯德研究所共建的中国科学
院上海巴斯德研究所正式运行，致力于中国传染病研究，服务于公共卫生健康
事业。

## 抗菌利器的发现者——弗莱明

疫苗能够帮助人类预防疾病，那么对于已经发生的感染又该如何处理呢？
很早以前，人们就从经验中得出酒精和盐可以杀菌，随后"巴氏灭菌法"等高温
灭菌法也登上了舞台，于是高温、酒精和盐水清洗成了最常见的外用杀菌消毒方
法。但如果人的身体内部感染了细菌，仅通过表面消毒的方法是不可行的，当时
如果有人感染了大叶性肺炎，基本就是被死神下了死亡通告。为了找到能够对
抗细菌的药物，科学家们进行了长期的探索。

1928年，青霉素的发现开创了用抗生素治疗疾病的新纪元。青霉素，又被
称为盘尼西林（Penicillin的音译），提炼自青霉菌，其分子中含有青霉烷，能破坏细菌的细胞壁，是能在细菌细胞的繁殖期杀灭细菌的一类抗生素，是目前最常用的抗生素之一。青霉素的发现算是一次意外的惊喜，而它的发现者亚历山大·弗莱明也因此成为影响人类历史进程的100位名人之一。

亚历山大·弗莱明

1881年8月6日，弗莱明出生于苏格兰的小乡村洛克菲尔德。幼年丧父的
弗莱明在13岁时去伦敦投奔他同父异母的哥哥，并在一家专营美国贸易的船
务公司上班。后来在哥哥的鼓励下，弗莱明进入圣玛丽医院附属医学院学习。

1909 年，弗莱明通过测试，获得了外科医生资格，但他没有选择成为医生，而是开始了微生物学研究。在那一年，弗莱明在阿尔姆罗思·E. 赖特（Almroth E. Wright）实验室独自开始了对痤疮免疫接种的研究，并成功改良了梅毒螺旋体繁琐的检测程序。由于弗莱明同时兼具外科医生的资格，所以那时只有他能为梅毒患者注射最新的治疗药物，这也为他带来了巨大的声誉。在赖特实验室，弗莱明同时也参与了吞噬细胞、调理素、伤寒菌等的研究。"一战"爆发后，弗莱明跟随赖特赶赴法国前线，从事疫苗防止伤口感染的研究。那时没有药物能够彻底清除伤口处的感染，大多数时候还会造成患者伤口处细胞的死亡，而浓盐水也显然只能对付轻伤，不能清理严重感染的伤口。大批士兵因伤口未能得到清理，受到感染而死亡。这次经历让弗莱明转而开始研究抗菌物质。

　　1921 年的冬天，弗莱明得了一场重感冒。鼻塞流涕让他痛苦不堪，当时他正在培养一种金黄色葡萄球菌（*Staphylococcus aureus*，以下简称"金葡菌"）[①]，也许是一时兴起，他取了一点鼻腔黏液滴到固体培养基上。两周后，弗莱明发现一个有趣的现象，滴过黏液的地方居然没有新的金葡菌生长，而在附近似乎

77

还出现了一种新的菌落，呈现半透明状。一开始，弗莱明和同事都以为是外界污染的菌落，后来发现这是细菌融化所致。弗莱明发现鼻黏液中存在一种抗菌物质，并将其称为"溶菌酶"（lysozyme）。为了调查这种溶菌酶的出

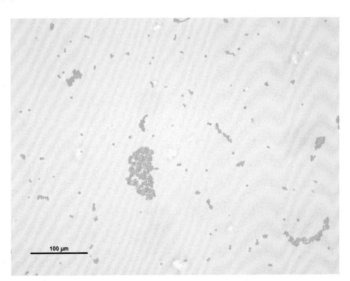

光学显微镜下的金黄色葡萄球菌

[①] 也有说是滕黄微球菌。

处，弗莱明一度追着实验室的人要眼泪，最后他们发现，几乎所有的体液和分泌物中都含有这种抗菌物质。

1928 年 7 月，我们的劳模弗莱明准备给自己放个小假。或许是因为走得太急，或许是因为太累了，休假之前弗莱明没有及时清洗培养过金葡菌的培养皿，而是将这些带有菌落的培养皿堆放在了一起，就安心地休假去了。令弗莱明没有想到的是，度假回来后，这些培养皿上居然长了霉菌。看着这些恶心的霉菌，通常人的做法可能是马上将其扔掉或清理干净，而心细的弗莱明却想要看看是什么霉菌在捣乱。弗莱明发现在青绿色的霉菌周围出现了一圈空白，而这些地方没有金葡菌。长期研究抗生素的敏锐性让弗莱明发现，可能这些霉菌产生了某种物质抑制了金葡菌的生长。弗莱明取出一点霉菌，在显微镜下观察发现，这些霉菌其实就是经常出现在柑橘皮上的青霉菌。随后，弗莱明把青霉菌分离出来单独培养，并将液体培养基稀释成不同的浓度，分别滴加到金葡菌中。他发现，青霉菌确确实实会让金葡菌死亡。之后弗莱明又尝试将青霉菌滴加到不同的菌种中，如白喉菌、炭疽杆菌、链球菌和肺炎球菌等，结果都证明青霉菌可以起到杀菌的作用。1929 年，弗莱明将研究整理成论文《关于具有特殊抗菌活性的青霉培养物的抗菌作用》（*On the antibacterial action of cultures of a penicillium, with special reference to their use in the isolation of B. influenzae*），并发表在《英国实验病理学杂志》（*British Journal of Experimental Pathology*）上。接着，弗莱明在青霉中提取了少量的抗生素结晶，并称之为"青霉素"。

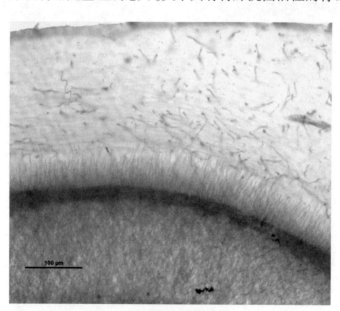

光学显微镜下的青霉菌

由于当时弗莱明还不能从青霉中提取出纯净的青霉素，所以即便这项研究意义非常重大，当时也无人敢将其运用到临床上。面对提取的困难，弗莱明也无能为力，只好在1931年暂时搁置了青霉素的研究，但他一直将菌种进行传代。直到1938年，英国生化学家恩斯特·B.钱恩（Ernst B. Chain）和病理学家霍华德·W.弗洛里（Howard W. Florey），在杂志上偶然读到了弗莱明的论文，熟悉化学提纯技术的两人终于在1941年成功分离出了青霉素。在1944年，青霉素在美国投入量产，在"二战"后期起到了不可磨灭的救助作用。

1945年，弗莱明、钱恩、弗洛里共享了诺贝尔生理学或医学奖。随着青霉素的产生，人类第一次摆脱了对病菌无可奈何的窘境。在随后的数十年间，各类抗生素如同雨后春笋般被发现并研制出来。1947年，美国微生物学家赛尔曼·A.瓦克斯曼（Selman A. Waksman）与其学生阿尔伯特·萨兹（Albert Schatz）在放线菌中发现了链霉素，治愈了当时仍是绝症的结核病。1948年，供职于辉瑞公司的美国科学家劳埃德·科诺菲尔（Lloyd Conover），研制出最早的广谱抗生素四环素。1956年，万古霉素被研发出来，它能破坏革兰氏阳性菌的细胞壁、细胞膜和核酸，且不易产生耐药性，被称为抗生素"最后的武器"。在随后数十年间，人类对研究抗生素空前热情，大批抗生素如喹诺酮、甲氧西林、卡那霉素等纷纷被研发出来，到目前为止，全球已有超过1万种不同的抗生素，其中有4000多种是人工合成的。

### 抗生素生产大户——放线菌

夏天的雨后，空气中弥漫着一股"泥土的味道"，这种味道其实是土壤中活跃的细菌产生的。放线菌是一类在天然土壤和水体中比较常见的菌，由于它们常常能形成分枝菌丝，菌落呈现放射状，所以根据形态被归入放线菌门（Actinobacteria）。放线菌能够产生"土臭素"，也就是我们雨后能够闻到的"泥土的味道"，同时它们也是目前很多常见抗生素的生产者，比如链霉素、卡那霉素、四环素、土霉素、金霉素等，也包括有特殊用途的丝裂霉素、放线菌素 D 等。

放线菌门中的代表——链霉菌属，是放线菌中最大最高等的属。虽然名字里有个"霉"，但它并不是真核的霉菌，而是和其他放线菌一样是革兰氏阳性的原核生物，也就是我们常说的"细菌"。土壤中的微生物种类繁多，竞争激烈，也许有这方面的原因，链霉菌中有 50% 以上都能产生抗生素。

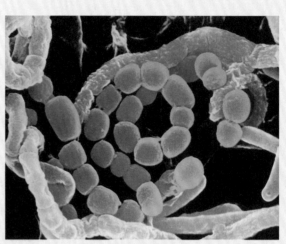

链霉菌扫描电镜渲染图

## 抗疫的先驱者——伍连德

伍连德

伍连德，字星联，祖籍广东广州府新宁县，1879 年 3 月 10 日出生于马来西亚槟榔屿。伍连德从小成绩优异，1899 年从剑桥大学毕业后又前往圣玛丽医院实习，成了该院第一个中国籍实习生。之后，他又先后在英国利物浦热带病学院、德国哈勒大学卫生学院及法国巴斯德研究所进修。1903 年，他获取剑桥大学医学博士学位后，积极参加华侨社会服务。1907 年，伍连德受清政府直隶总督袁世凯的邀聘，回到中国任天津陆军军医学堂副督导。

1910 年 11 月，鼠疫经满洲里传入哈尔滨，又一路南下席卷了东北三省，之后又迅速侵染了北京、天津，传播速度之快让人骇然。一个月后，仅吉林、黑龙江两省的死亡人数就将近四万人，占了当时两省人口的 1.7%。彼时清政府还未设立任何防疫机构，经外务部施肇基推荐，清政府任命伍连德为总医官，前往东北进行防疫。

1911 年伍连德在哈尔滨建立了第一个鼠疫研究所，并出任所长。深谙流行病学的他，不畏艰险，深入疫区调查病情，找寻发病源头。当时还没有对抗鼠疫的特效药，伍连德只能采取加强铁路检疫、控制交通、隔离疫区、火化鼠疫患者尸体、建立临时收容所等一系列手段。然而这些现在看来很常规的防疫操作，在当时的环境下受到了各种阻挠。在那时，东北地区被俄国和日本把控，对于封锁疫区，停止日本、俄国控制的铁路运营，侵略者起初强烈反对；而在那个入土为安的年代，焚烧患者尸体更是受到了百姓的抗议。外有侵略者的反对，内有民众的抗议，伍连德感到举步维艰。但疫情发展迅速，有半分犹豫就会有更多的人因感染而死去。无奈之下，伍连德只好迎难而上，在一片质疑声和反对声中坚持并落实了自己的防疫措施。在伍连德的带领下，疫情逐渐得到控制，同时他注意到，与之前"鼠传人"的鼠疫不同的是，东北的鼠疫出现了强烈的"人传人"情况。

81

1910 年 12 月 27 日，伍连德在付家甸解剖了一名女患者的尸体，这也是东北鼠疫中第一具被解剖的尸体。伍连德从其肺部提取的血液中，培养出了鼠疫杆菌，由此他确定这次的流行病不是传统鼠疫，而是通过呼吸道传播的"肺鼠疫"。他让人们佩戴他发明的"伍氏口罩"来预防感染。由于没有"人传人"的先例，伍连德的发现在当时备受科研界的质疑。特别是法国著名医生葛瑞德·梅斯尼（Gerald Mesny），他是北洋医学堂的首席教授，曾成功控制了唐山等地的鼠疫。梅斯尼坚信，鼠疫是不可能"人传人"的，因此拒绝佩戴任何防护措施。在与 4 名鼠疫患者接触后的6 天，梅斯尼病逝，他的尸体中也被检测出了鼠疫杆菌。

由纱布及吸水药棉制成的伍氏口罩

东北鼠疫期间，尸体被集中处理

可怜的梅斯尼过世后，人们才纷纷佩戴上口罩。经过伍连德多管齐下的措施，鼠疫疫情终于在几个月后被完全扑灭。1911年4月3日，清政府在奉天举办了一场"万国鼠疫研究会议"，伍连德任大会主席，这是中国首次承办国际学术会议，为世界传染病防治作出巨大了贡献。

82

## 伍连德为中国医学发展作出的贡献

消灭鼠疫后，伍连德忧愁于国内医疗事业的落后状况，开始致力于推动中国医疗科研领域的发展。1914年，洛克菲勒基金会来中国考察医学和公共卫生情况，伍连德提出在北京建立一所现代化医学院的意见被采纳，这所医学院便是后来的北京协和医学院。1918年政府又批准了伍连德建一所大型医院的申请，并在伍连德的主持下建立了北京中央医院，这是中国人建立的第一所现代医院，也就是今天的北京大学人民医院。1924年，伍连德受张作霖委托，在沈阳建成了东北陆军医院，这是当时中国规模最大、设备最好的医院。1926年，伍连德又创办了哈尔滨医学专科学校，就是现在哈尔滨医科大学的前身。除了建立医院、高校外，伍连德还创立了中华医学会，为中国培养了大批医学人才。

不幸的是，抗日战争期间，伍连德不得不告别服务了30年的祖国，回到了老家槟榔屿，1941年日军又占领槟榔屿并监禁了伍连德，直到1945年日本投降，伍连德才得以重获人身自由。中华人民共和国成立后，中华医学会迁址到北京，伍连德将自己在北京的故居捐赠出来，作为学会的办公场所。

纵观伍连德的一生，在抗疫时期面对各种压力，从不退缩，凭借自己的专业和努力扑灭了一次又一次的疫情，可以称得上是一位真正的斗士。和平时期，他又能防患未然，为祖国创建各种医学平台，促进祖国医疗事业的发展。梁启超评价他："科学输入垂50年，国中能以学者资格与世界相见者，伍星联博士一人而已。"

## 救国救民的光明使者——汤飞凡

十九世纪末，日本的医学飞速发展，北里柴三郎发现了鼠疫和破伤风的病原菌，被人们誉为"东方科赫"。

"中国为什么不能出'东方巴斯德'？"在当时的华夏大地上，一位少年如是说。"学西方、学科学，振兴中华"，他从小听着长辈谈维新、改革，看着祖国大地上的人民贫病交加，他立下振兴中华、救国救民的理想，踏上了艰难坎坷的医学研究之路。

沙眼，是一种极其古老的眼疾，早在公元前3400年，就有这一疾病的记载。在医疗技术落后的时代，沙眼一度在全世界大流行，并成为致盲的元凶。

关于沙眼，我国明代的眼科著作《银海精微》一书中详细记载了沙眼的症状："睑间积血，年久致成风粟，与眵粘症同，然睑眵粘睛，无风粟也，故此分睑生风粟，盖胞者上胞，睑者下睑也。"由此可见，中国人从很早开始就饱受沙眼的折磨。20世纪50年代，我国感染沙眼的人有一半以上，而严重的沙眼会导致失明，寻找治疗沙眼的方法迫在眉睫。

这时候，那位少年已经成长为一位优秀的微生物学家，他就是汤飞凡。他拥有卓越的研究能力，哈佛大学的导师对他极力挽留，但他的老师颜福庆的一封来信，让他毅然决然回到了那时被战火席卷、生灵涂炭的祖国。那时积贫积弱的祖国卫生条件很差，实验条件也十分局限，他目睹了各种疾病对国人健康的摧残，怀着自己的一腔爱国热情与渊博学识开

汤飞凡

始着手沙眼病原体的研究。

当时，日本著名生物学家野口英世宣称自己发现了沙眼的病原体，他将其命名为"颗粒杆菌"。但汤飞凡从野口英世的论文中发现了漏洞，他决心找出导致沙眼真正的元凶。

衣原体是一种特殊的微生物，它比细菌小，但比病毒大，能够通过细菌滤器。衣原体通常寄生在动物细胞内，分离出它们具有极高的难度。

汤飞凡与医院合作，对200多名沙眼患者样品进行涂片实验，确认了包涵体（微生物产生的由膜包裹的高密度、不溶性蛋白质颗粒）的存在。之后，他反复进行鸡胚分离实验，终于经过不懈的努力，成功分离出了沙眼病原体。接着，他用分离到的沙眼病原体给猴子做实验，发现猴子也得了沙眼病。

根据"科赫法则"，接下来就是最后，同时也是最难的一步——这种分离出的沙眼病原体是否可以让健康人患病？面对这一挑战，不少科学家开始望而却步，这时，汤飞凡勇敢地站了出来，他说："如果科学研究需要用人做实验，那么科学研究人员就要首先从自己做起。"1957年的除夕对于汤飞凡来说，注定是不平凡的，当大家都沉浸在阖家欢乐的喜悦气氛中时，汤飞凡将沙眼病原体滴入了自己的一只眼睛，几天之后，这只眼睛果然红肿起来，形成了典型的沙眼。

为了记录下宝贵的感染全过程，汤飞凡冒着失明的巨大危险，记录下了沙眼的整个病程，之后才接受医生的治疗。

汤飞凡的防疫处

### 汤飞凡的爱国之举

一贯严谨的科研作风，艰苦奋斗的志气，让汤飞凡在医学研究领域勇攀高峰，也使得汤飞凡成为国际上知名的优秀学者。汤飞凡与英国医学院展开短期协作期间，有日本学者慕名想要前来参观，但被汤飞凡拒绝了，他说："你们日本正在侵略中国，很遗憾我不能和你们握手，还是转告你们的国家停止对我的祖国的侵略吧！"

1937 年，抗日战争全面爆发，汤飞凡加入医疗救护队，上前线抢救伤员。面对上海、南京的接连失守，他痛心地说："研究出再好的东西做了亡国奴，又有何用？"但他并没有放弃努力，他清楚地知道抢救伤员急需足够的抗生素，但那时进口药物稀缺而昂贵。他带领着防疫处，依靠一台破锅炉，从分离菌种做起，一鼓作气研制出了中国第一批高品质的青霉素。

后来抗战捷报频传，但帝国主义还妄图用细菌战翻身，汤飞凡临危受命，利用极其有限的条件，赶制并改良出了鼠疫、黄热病等疫苗，有效阻止了瘟疫在华夏大地上的肆虐，保护了人民的生命安全。

抗战胜利后，汤飞凡依然坚守岗位，为国民健康事业作贡献，他研究出的乙醚灭菌法，让天花在 1961 年就在中国绝迹，这比全球消灭天花早了 16 年……

85

1957 年，汤飞凡当选中国科学院院士。

1973 年，国际微生物学分类将沙眼病原体正式命名为沙眼衣原体（*Chlamydia trachomatis*），而汤飞凡也当之无愧地被称为"衣原体之父"。

汤飞凡这位卓越的科学家，一生为国为民，值得我们所有人铭记。

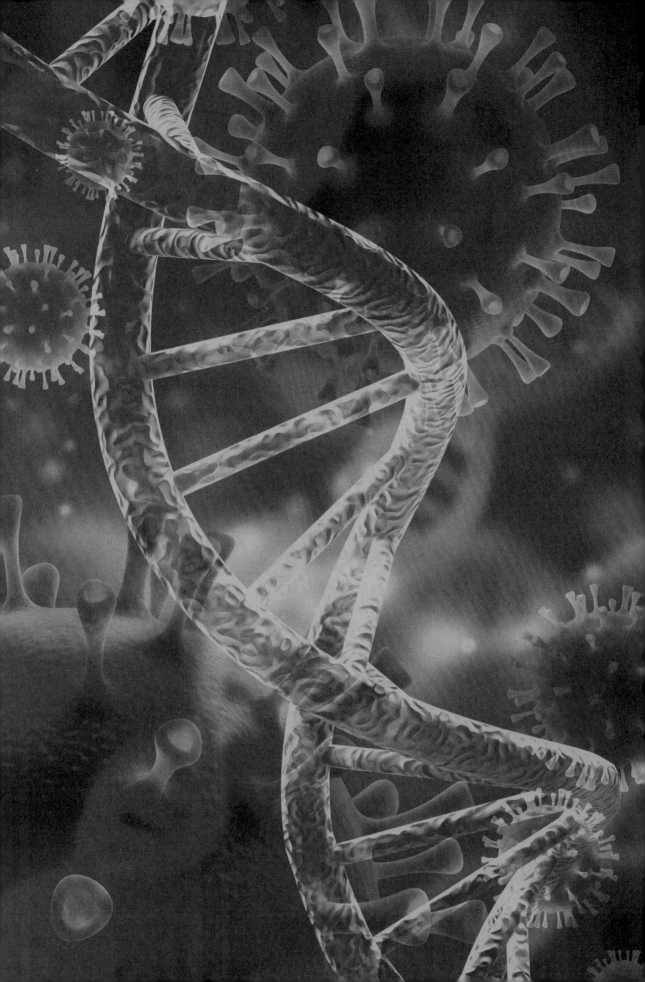

# 第三章

## 合作与抗对

# 一、携手共进

在人类闯进微生物世界的这400年时间里，人们慢慢发现它们数量之多、种类之众远远超出了我们的想象，而且到处都有它们的足迹。它们之中除了少数破坏分子外，绝大多数对人类是无害的，甚至是有益的：在江河湖海中，它们像清洁工一样，默默无闻地清理着人类活动产生的各种垃圾；在草地森林中，它们与动植物和谐共生、相互依赖，使得生态系统正常运转；在我们人体中，数量庞大的微生物群体是维系身体健康不可或缺的存在。那么，我们是如何与它们相处的呢？

89

## 地球主宰者

大约在46亿年前，地球诞生，当时上面没有任何生命迹象，如今我们这个星球却生机勃勃。虽然目前科学家们尚不能明确地解释生命是如何起源的，但我们已经大体了解了生命演化的顺序：从简单到复杂，从单细胞到多细胞，从水生到陆生……而在近30亿年的时间里，微生物曾作为地球上唯一的生命形式，占据了陆地、天空、水体的各个角落，它们的身体里发生着精彩纷呈的化学反应，带着原始的力量盎然勃发，为生命演化夯实了基础。

生活在人类为主角的现代社会，也许小时候你听说过恐龙这些庞然大物们称霸着侏罗纪，但没有人跟你讲过微生物这群小到看不见的生命们的光辉历史。下面就让我们坐上时光机，看看微生物们这群"地球主宰者"在远古时代完成了怎样鬼斧神工的工作。

微生物从诞生之初，就开始了新奇而大胆的创作。微生物从生命诞生的海洋开始耕耘，亦从万物扎根的土壤出发。在覆盖地球 70% 以上的水域中，蓝细菌等可以进行光合作用的微生物们将空气中的二氧化碳转化为氧气，为后来需要氧气呼吸的物种提供了物质条件；在土壤中，硝化菌、硫化菌、固氮菌们通过各种化学反应，捕获原本游离在空气中的氮、硫等化学元素，将它们安置到土壤中，为土壤增加了肥力。

在植物诞生之时，一些与植物根系共生的细菌与植物共同进化，将地表的元素固化到了植物身上，为植物的开花结果提供充足的养分；而植物通过光合作用又为地球输送了大量的氧气，减轻了微生物们的工作压力。微生物作为这个星球的鼻祖生物，为植物的生长和繁殖创造了有利条件，植物又慷慨予以回赠，它们共同造就了一个富含氧气的自然界。

轮到动物出场了，微生物们又是如何影响着动物的演化走向的呢？其实，动物包括我们人类的细胞中都有着远古微生物的遗迹。真核生物的细胞内有一个包裹核酸物质的核（也就是细胞核），我们可以想象成牛油果中心那个巨大的果核，但在这个核心与细胞膜之间的空间里，并不像牛油果果肉那么匀质而单一，而是存在许多细胞器：形似花生的线粒体，负责提供细胞所需的一切能量；像海藻一样漂浮在海洋里的内质网，弯曲折叠，却是蛋白质孵育的温床……这些细胞器是如何形成的？——这个故事要追溯到很久很久以前。在上古时代的地球，只有两大阵营存在：一类是我们现在常见的细菌的祖先们，另一类是能够生活在各种极端环境中的古生菌。当时还是单细胞生物时代，既没有复杂的线粒体，也没有巨大的细胞核。

或许是在某个决定整个地球未来发展的划时代时刻，两大阵营之间因为物质争夺兴起了一场战役，古生菌战队的成员吞食了细菌战队的成员，从此细菌被永久地困在了古生菌的内部。今日，许多研究生命起源的科学家一致认为这才是真核生物的起源。或许未来会用基因水平的科学证据来证实这一点，或许未

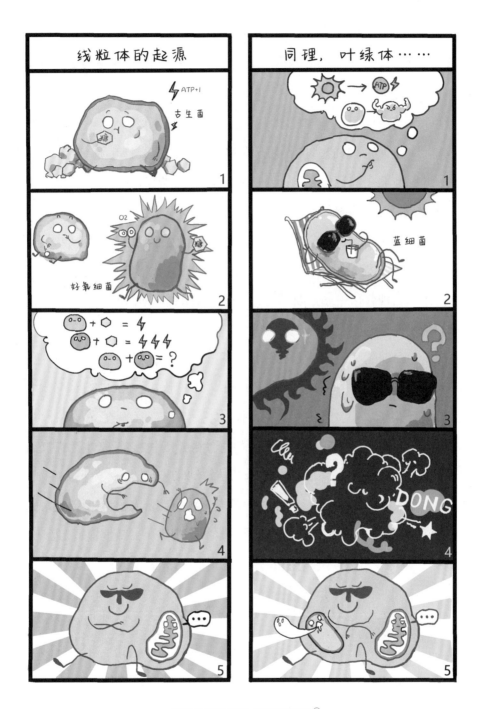

线粒体及叶绿体的起源假说①

① 关于线粒体和叶绿体诞生的前后顺序尚无定论。

来这个故事会被推翻,但无论如何,这可能是有史以来最伟大的共生事件之一,这场战役诞生了第三个生命阵营——真核生物(古生菌作为基本架构,细菌作为线粒体)。

绿色植物细胞中的叶绿体,其来源也可能与线粒体类似。细胞中的线粒体与叶绿体都有自己独立的遗传物质,它们在很久以前或许也是独立的生命体。目前的"叶绿体共生起源学说"认为叶绿体很久之前或许是一种蓝细菌(也就是俗称的蓝藻)。真核细胞的祖先也许是一种靠吞噬来满足自己营养需求的古生菌,其中的一部分古生菌吞噬了蓝细菌,发现蓝细菌能够在体内完成光合作用,给宿主提供更多的能量,而宿主也为体内的蓝细菌提供了庇护,这种关系对双方都有利,于是这种合作关系逐渐固定,并随着时间的流逝而演化……蓝细菌就逐渐演化成了叶绿体。

从此,生命演化又开始走上了更加不可思议的创造之路,一个个真核细胞像积木一样堆积在一起,演绎出无穷的可能性。细胞形成了组织,组织又构成了器官,于是便有了水母、三叶虫、甲胄鱼、霸王龙、始祖鸟、猛犸象……那时开始,生命体的体型逐步变大,大到足够把大量微生物囊括其中,自此微生物们又找到了新的生存领地——生物的体腔内。最新的估算结果显示,人体内大约有30万亿个细胞,而在人体各种腔道、缝隙中生存的微生物的数量大约为39万亿。这个数字并不是最精确的,但我们也越来越认同这样一个观点——微生物是无处不在的。

### 微生物学的研究及其意义

简单地说,微生物学是用目前可实现的技术手段,完成微生物群体(细菌、真菌和病毒等)的分离培养、生理生化、遗传代谢、系统进化等研究目的。纵观诺贝尔生理学或医学奖的时光轴,我们发现近年来微生物学的研究取得了丰硕成果,而且这些研究颠覆了原来人类对自然界的认知,从微观角度为人类建立了更细致更健康的科学生活方式。

92

那么我们是如何注意到它们的呢？大多数时候是因为它们给我们的身体健康带来了负面影响，比如肠胃炎伴随的阵阵绞痛，感冒时的寝食难安，受伤时伤口的红肿热痛……随着对微生物的了解不断加深，人们记住了这些引发疾病的病原体，记住了它们带来的伤害，时至今日依然有很多人把所有微生物都视作十恶不赦的病原体。不得不说，这种刻板印象其实非常不公平。实际上，微生物们为我们的生命体作出了多种多样且意义重大的贡献，如果忽略了它们，那么观察生命的视野就如管中窥豹一般有失偏颇。也许是时候从微生物的角度重新认识我们人类本身了。

## 相遇与相伴

近些年随着生物技术日新月异的发展，"微生物组"的研究正进行得如火如荼，方兴未艾，人类可以通过深度测序从本质（基因层面）上探寻很多未知的信息。当人类开始慢慢了解环境里的微生物之后，他们开始好奇人类身上的微生物究竟是什么样子的？与此同时衍生出了很多科学问题，例如微生物在人体中是如何演化的？人体微生物组是怎样一个组成？……

### 微生物组学

微生物组学研究的是微生物群体和它们栖息的环境，或者宿主相互关系、作用机制等。微生物组有 3 个层面的含义。首先，微生物组是可辨识的。人体肠道微生物组是指生活在肠道中的所有微生物及其遗传物质，包括细菌、真菌、古生菌和病毒；环境微生物组是指一个指定的环境（例如护城河）中全部微生物及其遗传物质；植物微生物组是指与植物（例如水稻）相共生的所有微生物，包括根际微生物、内共生微生物、叶面和体表微生物等。总的来说，微生物组是某一特定环境中全部微生物的总和，其中包括细菌、真菌、古生菌和病毒。那么"某一特定环境"，可以是大气层，可以是海洋，可以是土壤，也可以是人的皮肤、口腔、肠道等。其次，微生物组是科学家们的一个研究思路，他们把系统中所有微生物作为一个整体，然后从功能、表型、与环境或者宿主的相互作用及机制等方面进行研究。最后，微生物组研究是一个随着研究技术的更新而进展的科学，这些技术包括高通量 DNA 测序、微生物培养与鉴定、基因功能挖掘和表征等，以及数据分析和新型成像展示技术等。

人从出生到死亡，最初的一批微生物可能是从母亲那里迁移来的，婴儿经过母亲的产道来到外面的世界，微生物也在这里与婴儿相会。出生后，食物里的微生物进入口腔和消化道，风吹来的微生物落在体表，微生物在人体内外的各个角落，建立起复杂的生态系统，帮助人体塑造消化系统、免疫系统、神经系统等。这些小东西们随着体液四处流动，也许在遇到喜欢的食物的地方会多停留一会儿，甚至在那里安营扎寨，和宿主进行一些和平的物质交换，它们并不是时刻威胁我们生命的瘟神，大部分都与我们和平共处。它们与人体内的器官，与肺和心脏一样重要，只不过它们是千万个零散疏松的个体聚集而成的。

近些年的研究愈发证明了微生物组对于机体的重要性，或许可以这么说，它们比人体的任何一个器官都全能。由于微生物基因组的多样以及极快的突变、繁殖速度，使微生物成了人体内"消防演习"的专家，能够面对各种突发环境变化。它们帮助我们消化食物，给予我们必需的氨基酸和维生素，分解从外界摄入的有毒有害的化学物质，释放信号分子引导身体环境的构建，训练免疫系统区分敌我，影响神经系统的发育来影响个体行为……

当微生物群落位于环境和"入口门户"（例如：口咽、鼻腔、皮肤）之间的界面的外侧时，它们便是"看守者"。微生物组在宿主接触吸收外界物质之前处于暴露的生理前沿，可以完成"首轮"代谢，可谓"首当其冲"。藏在牙垢里的细菌或许在你的机体获得糖分之前就已经大快朵颐，鼻腔里的细菌或许为了捍卫自己的领地而帮你赶走一些有害微生物，也可能帮你吸收代谢掉一些有毒物质。

在胃肠道中，肠上皮细胞履行着"监护人"的职责，它们负责将关键信息翻译并传递给具有执行能力的免疫细胞。可以说，胃肠道不仅包含人体中绝大多数的微生物，还包含较大数量的免疫细胞，免疫细胞就像在市场里巡逻的"保安"，微生物就像市场里摆摊的"小贩"，各种微生物抗原和代谢产物就像是"小贩"的商品。大多数时候，只要"小贩们"不卖有害商品，"保安"也不会与"小贩们"产生冲突。但是一旦这些"小贩"搞起事情来，尽忠职守的"保安"就会第一时间赶赴前线，对"小贩们"进行整顿。如此一来二去，人体的免疫系统就得到了锻炼。

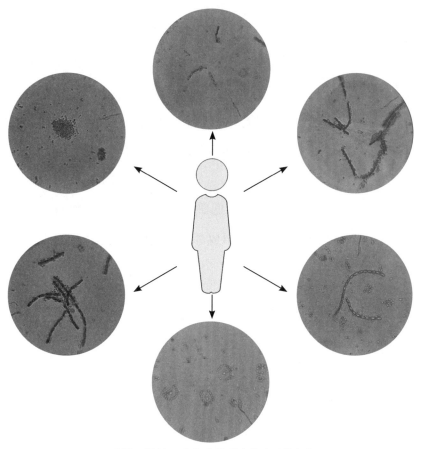

光学显微镜下人身上的菌（革兰氏染色）

昼夜节律性是哺乳动物新陈代谢的主要特征，它可使机体新陈代谢过程与昼夜光照周期同步。肠道微生物也可以通过影响宿主代谢的途径来影响人体的昼夜节律。简单地说，影响人类节律的主要因素是光照，阳光总是提醒着我们什么时候该起床，什么时候该吃饭。但是肠道微生物也有着自己的节律，比如一个习惯了吃夜宵的人，他的肠道里会有一群习惯在晚上享用大餐的微生物，按照大多数人的生活方式，或许在午夜进食是违反生物节律的，但是这个人体内的微生物，会在午夜"提醒"他，该投喂食物了……通过类似这样的方式，肠道微生物与机体原生的生物节律相互影响，进而影响机体的新陈代谢。

## 微生物之间的争斗

上文介绍了微生物与宿主之间的关系，我们或许可以称它们为合作伙伴，但微生物也不一定总是我们的朋友，即便是在最和谐的共生关系中，也会存在着冲突和背叛。共生于宿主的不同微生物也可以各自为营，在生存和演化的战场上彼此合作和竞争。即便是生活在同一个宿主身上的微生物，也都有着独特的个性，比如喜欢待在什么地方，喜欢吃什么东西，每种微生物都有着这样或那样的偏好。人们相信微生物群是有界限的，它们处于一个动态的小型生态系统中，随时会发生菌群组成变化。在近几十年的研究中，我们发现微生物组是驱动复杂的"多因素"生理和病理过程的重要组成部分。简单来说，微生物组是一个由多种生物组成的生态系统，在人体中占据不同的位置，它不仅与宿主的大多数器官相互作用，种群之间也存在着"内斗"。

上呼吸道作为人类机体的重要"关口"之一，具有重要的生理功能，如对呼吸入肺的空气进行过滤、加湿和加温等，其具体生理部位包括前鼻孔、鼻腔、鼻咽、鼻窦、咽鼓管、中耳腔、口腔、口咽等。这些黏膜表面被各种各样的细菌附着，其中大多数属于厚壁菌门（*Phylum Firmicutes*）、放线菌门、拟杆菌门（*Bacteroidetes*）和变形菌门（*Proteobacteria*）等，但在属（与"门"一样，是一种生物物种分类水平单位，门高于属）的生物分类水平下，不同的生理部位可以观察到差异明显的微生物组。目前我们普遍认为，这些差异是由湿度、pH以及具体的身体部位特性引起的，如环境选择、扩散、物种形成和漂移（从身体的某一个部位移动到另外一个部位）等。

　　从生理部位来看，前鼻孔的微生物生态系统通常富含放线菌等非厌氧菌成员，而厌氧菌的含量很低。幼儿早期的典型鼻咽细菌组合是莫拉氏菌（*Moraxella Fulton*）、棒状杆菌（*Corynebacterium*）、链球菌或葡萄球菌属（*Staphylococcus*），他们是源于孕妇皮肤（剖腹产带入）或阴道（自然分娩带入）的细菌种类。口咽作为连接口腔、鼻咽、喉、下呼吸道和胃肠道的枢纽，暴露于更多样的外源性和内源性的微生物面前，且口咽是潜在致病菌的温床，可能引起局部（比如咽炎）或弥散性（比如肺炎）疾病。健康和发病的个体，通过呼吸将口咽细菌群落分散到下呼吸道，因此在健康的肺中观察到的口咽微生物组与细

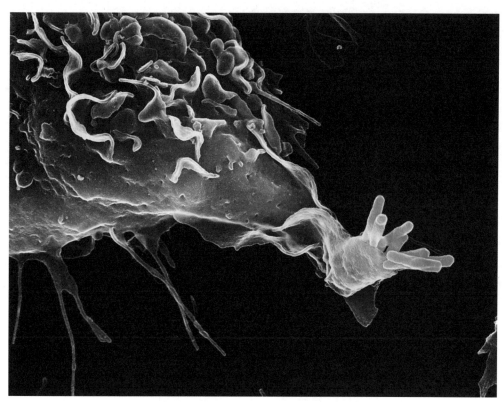

免疫细胞捕获大肠杆菌扫描电镜渲染图

菌群落之间存在大量重叠，而疾病状态时，多种口腔微生物产生迁移，数量发生变化，进而引发疾病。

但需要申明的一点是，所谓"潜在致病菌"，是它们在大多数情况下可以与其他共生菌一样和平共处，或许因为宿主的生活方式或者身体状态发生了改变，导致某些菌群出现暴发式繁殖生长，一旦某一种寄生菌打破了这种平衡，那么其他的寄生菌则会奋起反击或者持续性受到压迫，从而引起整个寄生群体的紊乱。在系统紊乱的时候，无可厚非的会有一些寄生者"叛变"，由共生菌演化为致病菌，导致宿主的疾病发生，甚至加重病情。也正是因为这种宿主和寄生者的关系，让我们的身体系统变得神秘而多样。基因的不同已经造就了人类个体相似但绝不相同的体内环境，而每个宿主体内的寄生者因为宿主的生存方式和生活条件不同而展现明显的个体差异性，不同的寄生者也会因为所需营养物的不同和代谢产物的不同而再次影响并塑造宿主。

98

## 条件致病菌

条件致病菌也称为"机会致病菌"，简单来说，就是某些菌需要合适的"条件"或者说"机会"才能导致宿主生病。最常见的条件致病菌就是某些大肠杆菌了，平时它们都好好地在肠道里生活，一旦宿主误食了一些不洁的食物，在短时间内扩大了它们的数量，就可能导致宿主腹泻、呕吐等。又比如皮肤上的痤疮丙酸杆菌（*Propionibacterium acnes*），平时它们以皮肤代谢产物为食，当皮肤油脂分泌过多时，它们的数量就会暴增，并且深入毛孔引发机体的免疫反应产生痤疮。除此以外，在一些手术中，痤疮丙酸杆菌可能会随着伤口进入血液，严重时还可能导致菌血症。

由此可见，条件致病菌并不罕见，但只要注意健康的生活方式，不给它们捣乱的"机会"，就可以与它们和平共处。

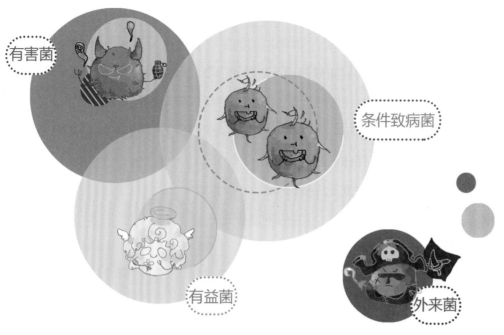

有害菌、有益菌、条件致病菌和外来菌

99

作为一个共生的整体，影响永远是相互的。这种相互的影响究竟谁是因，谁是果？——也许并没有一个明确的答案。

## 共同成长、相伴一生

我们每个人从母体内孕育的那一刻起，就与微生物群落密不可分。一些微生物通过母婴传播进入胎儿体内，而分娩则是微生物群落从个体到个体间的第一次大迁移。在分娩时，新生儿通常会接触以乳杆菌（*Lactobacillus*）为主的阴道微生物，相比之下，通过剖腹产出生的婴儿的微生物组主要由葡萄球菌、棒状杆菌和丙酸杆菌属（*Propionibacterium*）组成。医学上已经将微生物从母体到子代的转移视为重要的早期检查点，因为新生儿在离开脐带支撑的子宫环境并开始自主呼吸寻找食物之时，面临着巨大的新陈代谢转换，这一转变除了幼儿自身的器官成长，更需要益生菌群协助促进有机物的代谢，产生机体所需的能源物质，从而帮助婴幼儿迅速成长。

离开母体之后，微生物传播的潜在来源便是初乳和母乳，初乳和母乳构成了婴儿肠道中共生细菌和潜在益生菌细菌的低生物量群落。这种外来菌群的丰富性，以及婴儿时母乳中大量脂质的消化，增加了婴儿肠道微生物组的多样性和功能。另外，研究表明每个母亲的母乳都具有独特的微生物组学特征，由此存在着个体化的微生物母婴印记。来自外界环境的微生物随着婴儿的快速生长发育，也快速获取养分，在婴儿体内站稳脚跟。

接着，微生物在幼儿体内安营扎寨，繁衍生息，并随着身体成长逐渐壮大。人体从幼年向成年过渡，与之相关的重要生理变化的阶段就是青春期。这个时期由于激素的分泌和身体的疾速发育，少年少女体内的微生物种类和数量都会发生波动，与此同时，与性别相关的特异性肠道微生物组特征也开始初步建立。比较典型的案例是，更多能够产生乳酸和过氧化氢的菌群入驻了女孩们的阴道，为阴道营造了稳定的酸性环境，以此抵御有害菌的入侵。不过，即便青少年已经开始拥有核心微生物组，与成年人相比，微生物组的复杂性仍然较低且不稳定。

随后，处于 20—60 岁的成人，其菌群相对更加稳定，尽管个体变异水平很高，但健康成年人中是存在核心肠道微生物组的。微生物丰富性和复杂性的增加也是成人微生物组的标志，这是源于与年龄相关的肠道表面积的逐渐扩大，在成年人中达到峰值，为招募新的共生者创造了独特的生理优势。这就好比一栋宿舍楼，楼房面积越大，入住的人员也就越多。尽管成人微生物组是相对成熟的，但仍极易受到环境的扰动。研究表明，即便是短期改变人的饮食方式，也会显著改变肠道微生物的群落结构，这说明菌群在空间位置和相对丰度水平仍保持着极大的波动性。

物转星移，人们逐年老去。随着他们的年龄增长，与生长、代谢、能量稳态和免疫相关的多个器官系统也逐渐开始丧失功能，60 岁以上的老年人，其肠道微生物组会产生巨大波动，从成人核心微生物组向老年人核心微生物组转变，拟杆菌属和副细菌属的细菌，可能占据老人核心微生物组的一半以上，而这些菌仅占成人队列中核心微生物组的不到三分之一。不得不说，我们随着时光的飞逝而苍老，伴随我们一生的微生物们也在逐渐"衰老"……

　　总的来说，对于我们每个个体而言，我们从来都不仅仅是我们本身，我们还包括寄生在我们体内的微生物组们，它们跟我们一起面对世事沧桑，跟我们一起经历人间冷暖，除不尽、赶不走，这种真实的存在和陪伴何尝不是生物物种之间难得的浪漫呢？

# 二、不可调和的冲突

　　虽然绝大多数微生物都能与人和谐共生，甚至是人类的得力助手，但是不到 1% 的破坏分子仍然会给人类带来巨大的危害和灾难，它们会污染食物，传播疾病，甚至引起传染病大流行。因此，人类与微生物的"爱恨情仇"时时刻刻都在上演，那么我们人体是如何打赢这场不见硝烟的"健康保卫战"的呢？现代科学家又研制出了哪些"秘密武器"来对抗有害微生物呢？

## 人体免疫系统

　　人类在与微生物漫长的斗争中，早已进化出一套天然的防御系统，即"三道免疫防线"。免疫系统既能帮助人体识别"自己"和"非己"成分，打败进入机体的抗原（如细菌、病毒等）物质，又能及时清理体内的损伤细胞和肿瘤细胞等，维持人体健康。当有害微生物试图入侵人体时，这套系统是如何运转呢？

　　下面我们借用生活中常见的例子来说明这个问题。家里养了只猫咪，我们平日里和"猫主子"玩耍几乎不会生病，这是因为第一道免疫防线——皮肤和黏膜在守护着我们，它们如同守卫边疆的战士，不仅能够阻挡 90% 以上的病原体微生物入侵体内，还能分泌出具有杀菌作用的"武器"如乳酸、脂肪酸、胃酸和溶菌酶等消灭敌人。可是有一天，我们不小心被"猫主子"抓伤了胳膊，猫爪上可能携带了很多灰尘、细菌甚至病毒，于是我们及时清洗伤口，并注射了狂犬疫苗。但是没过多久，被抓伤的地方还是开始红肿了，怎么回事呢？——别担心，这是第二道免疫防线开始"战斗了"。当皮肤屏障破损后，猫爪上的有害微生物企图入侵机体，受损细胞立即启动了"呼救措施"，释放出大量的细胞因子，召唤中性粒细胞和吞噬细胞来阻击敌人。那么，伤口处为什么会红肿呢？——这是巨噬细胞吞噬有害物质后，引发的炎症反应。炎症反应的典型症状就是红、肿、热、痛。吞噬作用伴随着一些化学物质的释放，例如组胺引发血管舒张，伤口部位血流量增强，导致发红；前列腺素与白三烯同时引起毛细管收缩释放液体，导致肿胀，还会引起局部体温升高杀死病原体；5- 羟色胺则能增强痛觉感受神经，让大脑知道"我受伤了！要小心点"。正因为人体具备这种反应迅速的先天免疫系统，经过一套"组合拳"，我们被猫咪抓伤的地方几天后就恢复了，不会给身体造成大麻烦。

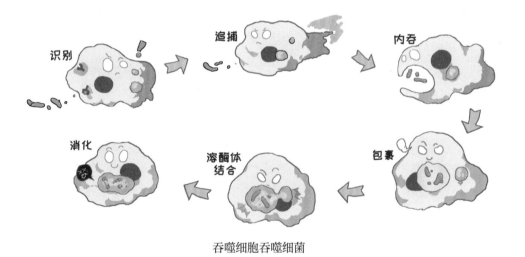

吞噬细胞吞噬细菌

　　或许有人会发出这样的疑问：如果外来有害微生物"火力强大"，突破了这两道免疫防线怎么办？别怕，还有第三道免疫防线——后天免疫。

　　后天免疫又称特异性免疫或者适应性免疫，是人体在出生以后不断通过微生物感染或者人工预防接种建立起来的专一性防御机制，只针对某一特定的病原体或抗原起作用。当抓伤处有害微生物（此时叫作抗原）顺着血液进入机体时，后天免疫会立马进入感应、反应和效应三个阶段，进行一系列复杂的反抗行动。前线巡逻的抗原递呈细胞发现抗原后，会递呈给巨噬细胞进行消灭，同时淋巴 T 细胞迅速活化增殖进入战斗状态，形成细胞毒性 T 细胞和记忆细胞。其中，细胞毒性 T 细胞会将已经"叛变"的细胞彻底消灭；记忆细胞就像战地记者，虽然不直接执行效应功能，但会"拍下"敌人的样貌特征，等到再次遇到相同抗原刺激时，它们会将自己分裂出许多"分身"，这些"分身"能够摇身一变成为战士——效应细胞，同时有少数记忆细胞将再次分裂为记忆细胞，牢记守卫使命。正如战场上有炮兵、步兵、医疗兵一样，还有其他免疫细胞来参与战斗，活化的 B 细胞会分泌抗体和淋巴因子发挥免疫作用。许多细胞与因子共同参与了这场"烽火连天"的战役，但往往也会"杀敌一千，伤己九百"，这时候吞噬细胞就会来收拾"敌人"与"将士"的尸骨，最终清理好战场。机体的免疫系统这支军队众志成城，将竭尽全力打赢这场战争。当然，如若个别狡猾的有害微生物躲过了免疫系统的"围追堵截"，这将会是另一个不幸的故事了。

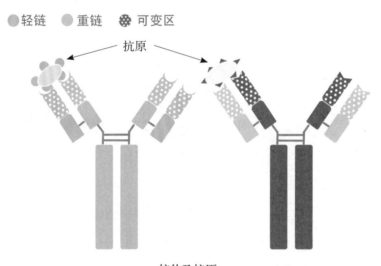

抗体及抗原

万物有形，天行其道，每种生物都有其存在的必然理由。微生物与人类的恩怨情仇从一开始就注定了，微生物与人类，互相造益，也互相侵扰，当一次次危机袭来时，人体免疫与科技之光给予了人类战胜病魔的勇气与希望。

### 后天免疫防线

后天免疫防线主要由三大体系组成，一是免疫器官，包括胸腺、扁桃体、淋巴结、骨髓和脾脏等；二是免疫细胞，包括淋巴细胞、巨噬细胞、粒细胞和肥大细胞等；三是免疫活性物质，包括抗体、淋巴因子、溶菌酶等。三大体系借助血液循环和淋巴循环互通有无，协同作战，共同守护人体健康稳态。

这其中隐藏了两大王牌"部队"，它们各有所长：淋巴 B 细胞"负责"体液免疫；淋巴 T 细胞"负责"细胞免疫。细胞免疫往往需要体液免疫来善后。淋巴 B 细胞起源于骨髓的多能干细胞，在类囊结构的骨髓中成熟为浆细胞，之后能分泌出大量只针对某一特定抗原的抗体。淋巴 T 细胞亦来源于骨髓，但在胸腺内发育成熟，能够保持长期的免疫记忆，亦可直接杀伤靶细胞。大多数时候 B 细胞并非独自作战，一方面在抗原刺激 B 细胞形成抗体的过程中，T 细胞可进行辅助；另一方面，调节性 T 细胞抑制 B 细胞过度产生抗体，避免发生自身免疫性疾病，例如系统性红斑狼疮、慢性活动性肝炎、类风湿性关节炎等。

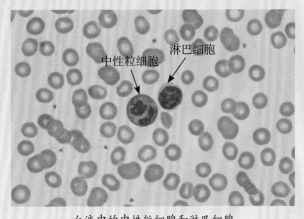

血液中的中性粒细胞和淋巴细胞

## 防疫三部曲

顾名思义，传染病是由各种病原微生物引起的，能在人与人之间、人与动物之间、动物与动物之间，通过各种传播途径互相传染的疾病。大多数病原体是微生物，包括病毒、细菌及真菌，还有小部分是寄生虫。纵观历史长河，由于之前

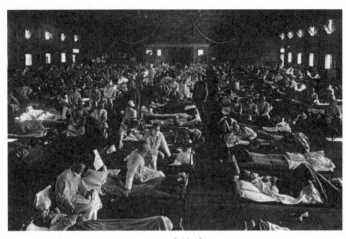

1918 大流感

医疗技术不发达，人们对传染病的认知有限，数次大规模的瘟疫，造成了人口骤减，经济衰退，甚至国家消亡。王朝的兴衰，文明的更替，传染病的狰狞笑声总是如影随形，甚至在现代公共卫生医学的建立之初，人类仍然无法彻底摆脱这种阴影。值得庆幸的是，现在人类已经知道了传染病流行的"秘密"，掌握了扼住其命运咽喉的"法宝"。

再强大的敌人也有致命的弱点。传染病虽然具有一定的传染性和流行性，但是它的传播过程必须具备三要素，即传染源、传播途径和易感人群，这三要素环环相扣，缺一不可。如果切断了其中任一环节，传染病就无法继续传播和流行。传染源是一种传染病开始的源头，具体而言，就是体内携带了能大量复制的致病病原体，并能排出病原体的宿主。这种宿主可以是人，也可以是其他动物。一般来说，传染源包括发病病人、病原携带者等。

当人体被病原体侵袭时，要么免疫系统将病原体清除，避免成为感染者；要么出现各种临床症状，成为病人；还有一种情况是，没有临床症状，却是病原携带者，也叫"无症状感染者"。通常处于发病期的病人体内病原体复制能力强，具有极强的传染性，像麻疹、水痘这类传染病，病人是唯一的传染源。但是无症状感染者同样具有不可忽视的传染性。这些容易被忽视的无症状感染者可以分为三类，第一类是潜伏期的携带者，痢疾等传染病的病原体可在潜伏末期排出携带者身体，导致无意中接触到它们的人被感染，此类情况也是最难预测和防控的；第二类是恢复期的无症状感染者，他们经过治疗后临床症状消失，但仍具有传染性，有些人情况特殊，可间歇性检测到病原体，因此一般需要连续 3 次病原体检测为阴性，才能证明患者不再具有感染性；第三类是健康病原携带者，这类人未曾患过该传染病，依然能传播该传染病的病原体，通常情况下他们携带病原体数量少，时间短，并非传染源。但是如果携带者个体排出的病原体数量多，携带时

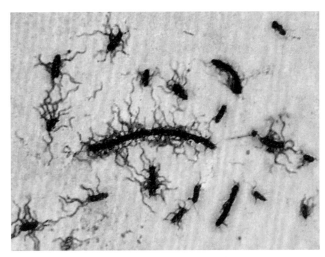

光学显微镜下的伤寒杆菌

间长，并且从事餐饮、服务、教育等工作时，就很可能成为重要的传染源。20 世纪初，厨师玛丽·梅伦（Mary Mallon）看起来非常健康，但却携带了大量的伤寒杆菌，最终导致她服务的 200 ~ 300 个家庭都出现了伤寒病例，因此她被人们称为"伤寒玛丽"。正可谓"擒贼先擒王"，只要揪出传染源这个罪魁祸首，传染病也就无可奈何了。

107

　　一旦罪恶的源头逃之夭夭，四散开来，就会通过多种传染途径入侵人体。通常来说，传染病既可以通过直接接触患者或者接触患者排泄物及体液传播，也可以通过一些间接途径进行传播，例如空气传播、气溶胶传播、水源传播、土壤传播等。不同传染病的传播途径不尽相同，新型冠状病毒肺炎已知的传播途径有直接传播、气溶胶传播和接触传播；艾滋病的传播途径有性传播、血液传播和母婴传播。搞清楚每一种传染病的传播途径，任凭其狡兔三窟，我们都能对症下药，有效阻断传播链。

　　传播链中最重要的因素是易感人群。这类人群对某种传染病缺乏免疫能力，未能形成免疫屏障。大多数传染病的易感人群为新生儿、学龄前儿童、孕产妇以及老年人，他们机体的免疫力普遍较低，对病原体的抵抗能力不强。此外，携带易感基因的人群，由于基因发生了突变，抵抗特定传染病的能力可能也会下降。

大家可能听说过"群体免疫"这个名词，那什么是"群体免疫"呢？群体免疫指的是当人群或动物群大规模流行某种疾病时，整个种群对传染病的免疫力。换句话说，生物种群中获得免疫力的个体比例越高，群体的免疫水平也越高。研究认为，当群体中有 70%～80% 的个体获得免疫力时，该传染病就无法继续传播下去。"群体免疫"可以通过接种疫苗和自然感染来获得。大规模地给适宜的人群接种安全有效的疫苗是一种较好的方式，而自然感染可能导致疫情失控，使远超必要数量的生命处于危险境地。

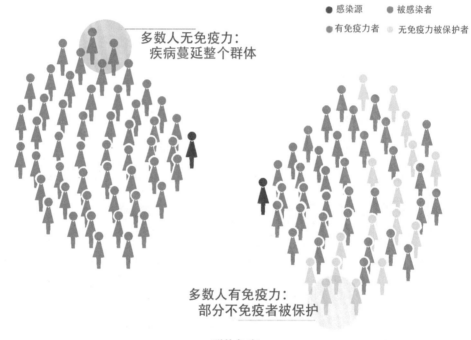

群体免疫

人类要彻底控制传染病，驯服这头在人间肆虐的"凶兽"，除了上述的手段外，还需四大辅助"法宝"，即管理传染源、切断传播途径、保护易感人群和及时上报疫情。在人类抗击传染病的战役中，每个个体都无法置身事外，唯有通力协作才可获得最后的胜利。对个人而言，在保持良好的生活习惯和卫生习惯的前提下，还需注意的一点便是要树立起拒吃野生动物的理念，因为漫长进化中，大量的致病微生物能与野生动物和平相处，却未必能与人类相亲相爱，甚至会严重威胁人体健康。中国东汉名医张仲景便警告过人们："所食之味，有与病相宜，有与病有害；若得宜则益，害则成疾。"疫情流行时，我们力所能及的便是做好预防措施，避免接触传染源，必要时做好隔离工作。易感人群平时应加强身体锻炼，提高抗病能力，并且积极接受预防接种。

### 我国的法定传染病有哪些？

《中华人民共和国传染病防治法》将传染病分为甲、乙、丙 3 类，分类管理。国务院卫生行政部门根据传染病暴发、流行情况和危害程度，可以决定增加、减少或调整乙类、丙类传染病病种并予以公布。对乙类传染病和突发原因不明的传染病需要采取或解除甲类传染病的预防、控制措施的，由国务院卫生行政部门及时报经国务院批准后予以公布。目前甲类传染病有 2 种，鼠疫和霍乱；乙类传染病包括新型冠状病毒肺炎、布鲁氏菌病、艾滋病、狂犬病、肺结核、百日咳等；丙类传染病包括伤寒和副伤寒以外的感染性腹泻、丝虫病、麻风病、黑热病、包虫病、流行性和地方性斑疹伤寒等。

109

## 抗生素家族

随着生命科学的不断进步，科学家对病原体的结构形态、细胞学特性、感染机制以及流行特征都有了一定的认知，同时研制出了一些对抗有害微生物的"重磅武器"。

时光追溯到三千多年前，古埃及人相信，蜂蜜和发霉的面包可以治疗感染性疾病，当时医生用猪油调和蜂蜜来敷贴因外伤感染而发炎的疔疮和无名肿毒。遗憾的是，随后几千年时间里没有人特别关注这个现象。唐朝时期，有些裁缝会把长了青霉的糨糊涂在被剪刀、针等划伤的伤口上抵抗感染。在青霉素的研究被弗莱明写成论文发表的五十年前，一些研究者已经发现了某些微生物对其他微生物的抑制作用，包括医生博登·桑德斯（Boaden Sanders）、外科医生约瑟夫·李斯特（Joseph Lister）、物理学家约翰·丁达尔（John Tyndall）、微生物学家巴斯德等，但这些都没有将抗生素"送上热门"。随后，两次世界大战伤亡惨重，迫切的抗感染需求为抗生素的研究迎来了"黄金时代"。

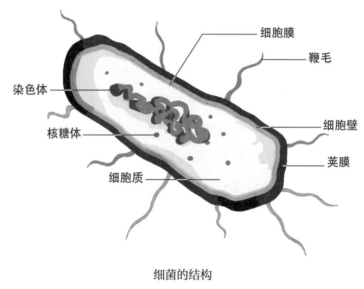

细菌的结构

  抗生素通常是指微生物或高等动植物在生活过程中，产生出的次级代谢产物。它对微生物的杀伤作用属于"以子之矛，攻子之盾"，通过抑制细菌细胞壁合成、增强细胞膜通透性、干扰蛋白质合成以及抑制核酸复制转录等方式，来影响微生物细胞的生长发育，从而直接或间接消灭有害微生物。用于临床的抗生素独特抑菌或杀菌作用在于，只对部分微生物有杀伤力，而对人体一般来说无害。细细想来，这也算是自然界为了维持生态平衡而馈赠给人类的"神奇礼物"。目前已知的天然抗生素不下万种。不过，真正适合作为治疗人类或牲畜传染病的药品还不到百种。后来，科学家研究发现，并非所有的抗生素都能抑制微生物生长，有些能够抑制寄生虫，有些能够去除杂草，有些能够用来治疗心血管病，有些甚至能够在器官移植手术中抑制人体的免疫排斥反应。再后来，科学家还发现了能够抗病毒、抗衣原体、抗支原体，甚至抗肿瘤的抗生素。抗肿瘤抗生素的出现，说明微生物产生的化学物质除了具有抑制或杀灭某些病原微生物的作用之外，还具备遏制癌细胞增殖的作用。因此科学家们把原有"抗生素"的范围进一步扩大，重新定义为"生物药物素"：由某些微生物产生的化学物质，能抑制微生物和其他细胞增殖的物质。

接下来，我们来认识一些日常生活中常见的抗生素种类，初步了解相关领域的专业名词。通常药名里含有"菌素""霉素""沙星""西林"等字眼的，大多属于抗生素，如青霉素和头孢类药物。青霉素类包括甲氧西林、阿莫西林、氨苄西林、氯唑青霉素等，它们能破坏细菌的细胞壁。人群中有 1%～10% 的个体对青霉素过敏，任何年龄、剂型、剂量和给药途径均可发生，因此在注射该类抗生素之前必须进行皮试。头孢类药物通常有头孢拉定、头孢洛克、头孢氨苄，是以冠头孢菌（*Cephalosporium Acremonium*）培养得到的天然头孢菌素 C（Cephalosporin C）作为原料，经半合成改造其侧链而得到的一类抗生素。它们是一种广谱抗生素，能抑制大多数细菌感染，但对病毒几乎无效，且服用过程中绝对不可饮酒，否则将会造成乙醛在体内堆积，带来致命威胁。因此，遇到生病感冒发烧、喉咙酸痛的情况时，不可盲目服用抗生素，正确的做法应该是及时就医，谨遵医嘱服药。

111

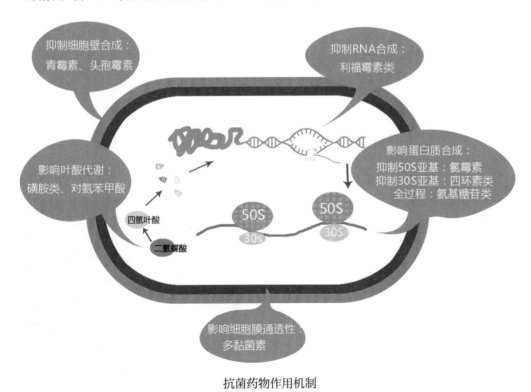

抗菌药物作用机制

**抗生素的过敏反应**

在现实生活中，我们可能会遇到身边有人因吸入花粉而不断打喷嚏，因吃海鲜而腹泻，因吃花生而呼吸困难等问题，这是因为人体与外界侵入的物质不能和平相处，所以引起了身体产生"反抗"信号。这些信号会以各种形式表现出来，例如皮肤出疹子、呕吐腹泻、呼吸道分泌物增加、血管扩张等，严重者会引起死亡。抗生素作为从微生物中提取出的物质，当作为药物被应用到人身上时，有时也会引起人的过敏反应。

那么，如何知道自己是不是对抗生素过敏呢？一般医院会在注射药物前给病人进行过敏试验。过敏试验主要有皮试、挑刺、斑贴等。若有过敏反应，过敏者会在被试验部位产生红疹、瘙痒等不适现象，那么该药物就不适用于该患者了。若是患者对必须用到的抗生素有过敏反应，临床上会根据患者情况进行脱敏治疗。

112

## 病毒检测技术

除了细菌，与人类"积怨已久"的病原微生物还有病毒。细菌一般都有一套独立的代谢系统与细胞结构，只要"对症下药"就可以各个击破。而病毒则完全不同，它们没有自己的独立系统，生命活动完全依赖宿主。病毒直径通常非常微小，无法在普通光学显微镜下观察到；与此同时，它又异常狡猾，时常通过"精心伪装"逃避免疫系统的监视，因此想方设法探测到它们的踪迹是重中之重。

目前最常用的病毒检测方法有两类：第一类，直接鉴定，即病毒核酸检测技术，通过遗传学手段明确究竟是哪种病毒感染；第二类，间接鉴定，即病毒蛋白检测技术，包括蛋白质印迹法（western blot，简称

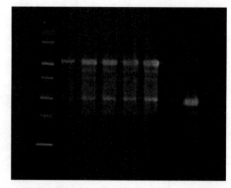

可以明确蛋白质类型的 western blot 技术

WB）及酶联免疫吸附测定法（enzyme linked immunosorbent assay，简称 ELISA）及胶体金试纸检测等，目的是识别病毒感染后产生的特异性抗原抗体。接下来我们详细了解下这两种鉴定方法的异同。

如果某地区突发病毒性传染病，那么控制新发传染病流行的第一要务就是快速鉴定出病毒。新型冠状病毒疫情暴发短短 2～3 周，科学家就利用基因测序的方法快速鉴定出病毒种属类别，并成功绘制出其全基因组序列信息。

病毒标本一般包括血液、骨髓、痰液、脑脊液、尿液以及分泌物等。揪出罪魁祸首的第一步便是要分离病毒株。无菌环境下杀灭杂菌后，通过在细胞或动物模型上的传代，获取足够的病毒量以分离病毒株，并加以鉴定。分离成功后，再次通过感染细胞系传代的方式扩增病毒，获得纯化病毒。

从病人样本中分离出病毒株，科学家就抓到了引起免疫战争的

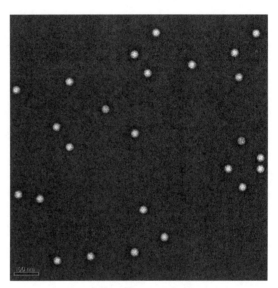

电镜下的 EV71 病毒

113

"罪魁祸首"，接下来就要撕开"敌人"伪装，看清庐山真面目。一般先采用定性的方法进行病毒核酸及蛋白检测，确定感染病毒类型及感染周期，再采取定量的方式明确病毒载量，例如乙型肝炎病毒（*Hepatitis B virus*，简称 HBV），及人类免疫缺陷病毒（*Human immunodeficiency virus*，简称 HIV）检测，从而指导临床诊断、研究病毒发病机制，研发抗病毒药物及疫苗等。

通常病毒的鉴定与检测由医院检验科人员或病毒学实验人员完成，而高致病性病原体需要在生物安全二级或三级实验室中完成，分离、培养活动都要专门向国家卫生健康委员会提出申请，经过审核后才能开展，且实验场所、操作人员资质、工作流程、污染物的处理都要通过严格的审核。

科学家为了临床快速有效地鉴定出病毒感染，还研发了一系列的快速检测试剂盒。最常用的是胶体金试纸，这种试纸用胶体形式的金粒子标记病毒分子，固定在专用试纸的一端。测试时，在另一端加入样本溶液及反应体系，通过纸层析作用，流动到胶体金上，若样品是阳性，15分钟左右有金粒子的一端便会呈现出肉眼可见的黑褐色颗粒。胶体金既可用于标记病毒的抗原（双抗体夹心法），也可标记人的IgM（一种抗体）。

以上检测方法在临床上和实验室中都较为常见，通常多种方法联合使用，便构成了科研人员的火眼金睛。其中核酸检测阳性是病毒检测的金标准，临床学诊断通常还会结合相应的临床现象进行综合判断。

### "特立独行"的抗体——IgM

IgM的中文名称是免疫球蛋白M，是一种抗体。大多数的免疫球蛋白的结构形似一个"Y"，但IgM通常以五聚体的形式存在，形象地来说，它是由五个"Y"组成的，是分子量最大的免疫球蛋白，同时也是接触抗原时最早发生反应的抗体。基于这样一些特性，IgM的检测在免疫学有较多的应用。

IgM三维结构示意图

## "韦类药物" 和干扰素

我们成功捕获了病毒的行踪，并逐步撕开了它们的伪装，此时最关键的问题摆在了面前，那就是如何有效地抑制甚至消灭它们。很遗憾，目前人类尚未找到能有效杀死病毒的特效药。这个"敌人"异常狡猾，现阶段只能靠抑制剂和干扰素来控制病毒活性，最终唯有依赖人体自身的"免疫大军"恢复健康。那么抗病毒药物研发难在哪里？又有哪些抗病毒药物能有效控制病毒呢？

病毒没有细胞结构，无法独自生存，合成蛋白的所有材料都要借用宿主的核糖体以及其他相关的细胞结构，因此，无法针对病毒的蛋白翻译过程设计药物，否则会影响宿主自身的合成系统。以艾滋病毒为例，这种逆转录病毒基因组有两条相同的 RNA。当艾滋病毒入侵细胞后，会释放自身 RNA 和逆转录酶（一种能利用 RNA 合成 DNA 的酶），利用自身 RNA 作为模板合成前病毒 DNA，并整合到宿主细胞的 DNA 中，再使用宿主 RNA 聚合酶转录出新的 RNA，因此艾滋病药物的设计就不能针对 RNA 聚合酶，而应该将病毒特有的逆转录酶、整合酶和蛋白酶作为"靶子"进行精准打击。知名华裔病毒学家何大一于 1996 年提出的鸡尾酒疗法就是基于这个原理。该疗法称为高效抗逆转录病毒治疗（highly active anti-retroviral therapy，简称 HAART），顾名思义，就是将三种或以上的药物，类似调制鸡尾酒一般混合起来给药，是目前治疗艾滋病常用的疗法。

鸡尾酒疗法也有局限，只能将体内的病毒载量维持在检测极限以下，但无法彻底清除病毒。病毒治疗最棘手的地方在于，它们能"潜伏"在宿主中。能将自己的 DNA 伪装成环状 DNA 潜藏在宿主细胞核中；HIV 则能把自己的 DNA 整合进宿主细胞的 DNA 中。潜伏一旦成功，就会完美地"骗过"免疫系统，只能抑制病毒转录的药物再也无法彻底清除病毒，这也是 HIV、HBV 等病毒感染后无法彻底治愈的原因。此外，病毒常常发生变异，甚至变异的速度快于药物研发的速度，使得原本有效的药物治疗效果降低或失效。

核苷（酸）类似物是当前临床使用最广泛的抗病毒药物，

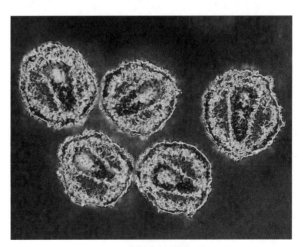

HIV 透射电镜渲染图

它们的英文名称后缀基本都是"vir"，翻译成中文就是"某某某韦"，因此统称为"韦类药物"，该类药物针对病毒逆转录酶起作用。

核苷酸是构成核酸（DNA和RNA）的基本单位，它由磷酸、五碳糖及碱基构成。核苷（酸）类似物是人工合成的核苷（酸）衍生物，它们与正常的用于DNA合成的核苷酸很像，能"欺骗"病毒核酸，作为"卧底"参与病毒复制转录的整个阶段，通过终止DNA复制、抑制病毒DNA多聚酶或逆转录酶等方式进行抗病毒治疗。例如恩替卡韦（Entecavir）就属于核苷（酸）类似物，它是治疗乙肝的一线药物，能与乙肝病毒自身的核苷竞争，"欺骗"聚合酶，抑制病毒复制。此类药物还有治疗艾滋病的药物齐多夫定（Zidovudine），治疗疱疹的阿昔洛韦（Acyclovir）等。核苷（酸）类似物除了用于抗病毒，还可以用于治疗一些肿瘤，是目前人工合成化合类药物的研究热点。

116

天然碱基

非天然碱基

核苷（酸）类似物的化学结构

除了核苷（酸）类似物，还有一些身怀绝技的韦类药物，比如常用于抗流感的奥司他韦（Oseltamivir）。神经酰胺是细胞膜的主要成分，就像是门上的木板，而病毒携带的神经酰胺酶能够"溶解"神经酰胺，相当于拆解掉木板，破门而出。奥司他韦能够抑制流感病毒的神经酰胺酶活性，阻止病毒颗粒释放出细胞，相当于收缴了病毒破门而出的"作案工具"，将病毒封闭在了细胞里面。此外，还有抗逆转录药物替诺福韦（Tenofovir），能通过抑制HIV-1逆转录酶的活性来抑制病毒复制。

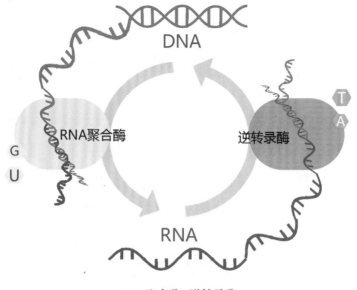

RNA 聚合酶、逆转录酶

　　问题来了，单纯使用抗病毒药物是否可以有效抑制病毒复制，达到彻底康复的目的？答案是否定的。先来看看几种病毒感染疾病公认的治疗方案。欧洲肝脏研究协会（European Association for the Study of the Liver）已批准的慢性丙型病毒性肝炎治疗的标准方案为：长效干扰素 PEG-IFNα 联合应用利巴韦林（Ribavirin）。中国慢性乙肝病毒感染治疗方案包括：聚乙二醇干扰素和核苷（酸）类似物。细看这些病毒感染治疗方案，发现抗病毒药物均联合使用了干扰素，组成了击杀病毒的"连环夺命刀"。

　　干扰素（Interferon，简称 IFN）的发现要从一群猴子说起。1935 年，美国科学家先用一种低致病力的病毒感染猴子，猴子未曾发病，接着用高致病力的黄热病毒感染了这群猴子，依然没有发病。当时科学家猜测前一种病毒可能产生了某种能帮助猴子抵抗后一种病毒的特殊物质。22 年后，英国病毒生物学家艾力克·伊萨克斯（Alick Isaacs）和瑞士科学家琼·林德曼（Jean Lindenmann），利用鸡胚绒毛尿囊膜研究流感干扰现象时发现，病毒感染的细胞能产生一种"干扰病毒复制的因子"，就此诞生了"干扰素"这个概念。之后的二十年间，科学家们不断探索，逐步发现了干扰素的抗病毒机制，并尝试将其应用于治疗慢性乙肝患者，取得了巨大的成功。20世纪80年代，第一代基因工程及第二代基因工程研发的IFNα、IFNα-2a及IFNα-2b相继问世，并通过有关部门批准，正式用于临床乙肝治疗。现阶段，各国利用大肠杆菌发酵、DNA重组等技术手段，制备了大量干扰素，并广泛应用于各种病毒性传染病的治疗之中。

作为抗病毒药物的"最佳拍档"，干扰素是如何发挥作用的呢？干扰素属于广谱抗病毒物质，是一种具有高度种属特异性的糖蛋白，换言之，人干扰素只能对人类起作用，一般由单核细胞和淋巴细胞产生，是先天免疫应答的重要组成部分，是人类与生俱来的抗病毒武器。干扰素像战争中的烽火狼烟，对自身免疫细胞这些"战士们"起到警示鞭策作用，能增强自然杀伤细胞、巨噬细胞和T细胞的免疫调节活性，促进免疫系统的监视、防护及自稳功能；它也像战鼓号角，刺激免疫细胞合成多种抗病毒蛋白，发挥抗病毒效应。干扰素通常与抗病毒药物联合使用，共同发挥对抗病毒、强化免疫的作用。

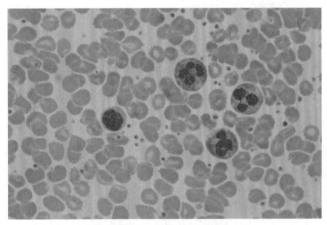

光学显微镜下人体中各类血细胞

## 干扰素种类

干扰素存在于脾脏、内分泌腺以及神经组织内，其编码基因复杂，亚型多样，可概括为Ⅰ、Ⅱ、Ⅲ三型，其中IFN-α、β、ω、ζ、κ、τ、δ、ε可归为Ⅰ型干扰素，IFN-γ归为Ⅱ型干扰素，是人体内主要的天然干扰素，IFN-λ则归为Ⅲ型干扰素。其中比较重要的是IFN-α、IFN-β及IFN-γ，这也是人工能合成的干扰素类型。IFN-α通常由白细胞产生，可存在于胃肠道副交感神经节细胞、脊神经节小细胞及肾上腺髓质细胞等细胞内，能参与靶器官免疫过程的神经调控，可抑制病毒复制，发挥广谱抗病毒和免疫清除作用。IFN-β 由成纤维细胞产生，结合的受体与 IFN-α 相同。IFN-γ 主要由 T 淋巴细胞分泌，结合的受体与前两者不同，IFN-γ 的免疫刺激活性在三者中最强，可促进 MHC-II 类分子表达，与 I 型干扰素发挥协同作用，也可促使 Th0 细胞向 Th1 细胞（介导细胞免疫）分化，抑制 Th2 细胞分化（介导体液免疫），对机体进行免疫调节。

人类对抗有害微生物的脚步永远不会停止，新兴的技术层出不穷。例如 2020 年 2 月 11 日，来自麻省总医院的研究团队在 *Cell Reports* 杂志上发表文章，揭示了一种新的潜在抗病毒药物靶点 Argonaute 4 蛋白，并表明这种靶点可用于治疗多种感染性疾病。同时科学家也在不断探索老药新用的可能性，例如近些年发现治疗 2 型糖尿病的二甲双胍，在临床上有保护心血管及抑制癌细胞增殖等效果；美国佐治亚州立大学的一项研究发现，一种由多肽制成的新型双层纳米颗粒，通过用可溶解的微针贴剂进行皮肤疫苗接种，可以有效保护小鼠免受甲型流感病毒的侵害。

人类与微生物相爱相杀，既享受了有益微生物带来的福利，又不得不面对有害微生物带来的危机，玫瑰与枪炮总是如影随形，爱恨情仇总是纠葛相伴。人类自身具有强大的三道免疫防线，能够抵御大部分外来伤害；同时，人类在与有害病原体的斗争中，又积累了大量的科学经验，制备出许多有利的"武器"。人类利用抗生素杀死细菌，使用"韦类药物"和干扰素抵御病毒，还研发出各类疫苗保护自身。然而，自然界变幻莫测，人类或将遭遇新的有害微生物，人类与它们的冲突还会持续下去，可能永远不会停止……

# 三、微生物的驯化

　　动植物的驯化是人类历史上的一件大事，单单从满足人类的口腹之欲来说，意义就非同凡响了。植物的驯化为我们带来了粮食蔬果，丰富了我们的菜谱；动物的驯化为我们提供了丰富的蛋白质来源，也获得了跨越物种的得力帮助和温暖陪伴。那么，微生物的驯化又给我们带来了怎样的变化呢？

120

## 无意的驯化

　　长久以来，人类对微生物的驯化是在悄无声息中进行的。早在看到这些小东西之前，人们就已经懂得如何巧妙地利用它们了。正如我们之前提到过的美酒"杜康"以及"客土法"种植，都是中国古人利用微生物的证明。早在公元 6 世纪的中国，贾思勰所著的《齐民要术》一书中就详细记载了制曲和酿酒的技术，也记载了栽种豆科植物可以肥沃土壤。只不过当时人们并不知道豆科植物根部的根瘤菌具有固氮作用，只是把这作为经验在人群中代代相传。直到 1889 年，B. 弗兰克（B. Frankia）建立了瘤菌属，才揭开了这群世代为我们肥沃土壤的神秘伙伴的面纱。

　　在用显微镜打开了微生物世界的大门之后，人类才真正开始有针对性地"驯化"微生物。人们往往是从微生物的生存环境开始进行驯化的。就像每个人有各自的喜好一样，不同的微生物也有它们喜爱的环境。

　　酿酒酵母钟爱各种浆果，它们随风飘落到浆果的表皮上，等待着表皮裂开流出甜美汁液后，开始大快朵颐，然后随着依附的果实，它们来到了更加适宜的环境，在橡木桶里有着数不胜数的浆果陪伴，酵母日夜狂欢，酒香四溢。

青霉菌似乎更青睐柑橘，但不小心落到弗莱明培养基上的青霉菌，让科学家发现了它的霸道，于是科学家与医生雇佣它们成了人类的健康"保镖"。

长在橘子皮上的青霉

生活在热泉里的水生栖热菌（*Thermus Aquaticus*），由于在炼狱般的环境下锻炼出极强的生存能力，科学家们借助它们身上功能独特的酶，顺利突破了体外复制 DNA 的瓶颈。

就连生活在下水道里面的"细菌猎人"噬菌体，在细菌抗药性问题日渐严峻的今天，也被人类训练成对抗细菌感染的"士兵"。

121

## 葡萄酒的香气

葡萄酒有三大类香气，一类香气源于葡萄果实本身，二类香气源自微生物的发酵，三类香气源于陈酿过程。二类和三类香气都离不开微生物，尤其是酵母的参与。在红葡萄酒的酿造过程中，酵母会进行苹果酸—乳酸发酵，这样不仅可使葡萄酒口感更为柔和醇厚，还能改善葡萄酒的香气。而且，在发酵过程中形成的一些挥发性物质，例如具新鲜奶油气味的丁二酮和气味优雅的乳酸乙酯，也是二类香气中的重要成分。据说，某家著名的葡萄酒酒庄有这样一条规定：进出酒庄参观的访客都必须沐浴，而且还要穿戴好防护服，目的是防止访客带来杂菌，或者偷偷带走宝贵的菌种。

到了 20 世纪初期，生命遗传物质 DNA 的发现开启了人类在分子水平"驯化"微生物的新时代。半个多世纪前，世界各地的研究者们发现了一些特殊的遗传物质，它们并不在细菌的染色体上。1952 年，乔舒亚·莱德伯格（Joshua Lederberg）将这类物质命名为质粒（plasmid）。

你可以将处于特殊阶段的染色质看成缠绕纠结成某些形状的毛线团，即"染色体"。例如，人类的"毛线团"是"X"形（Y 染色体除外，它就是 Y 形），人体中的这些"毛线"很长很长，有头有尾，平时待在细胞核里。但"质粒"不一样，它是个小型环状 DNA，长得就像面包店里面的甜甜圈一样。当然啦，它们并不是规整的圆形，在细菌的胞质里面漂浮着，偶尔拧成麻花的样子。时常有核糖体在质粒上不知疲倦地奔跑着，你可以把这些核糖体想象成在甜甜圈上排着队滑行的巧克力豆。"巧克力豆"上连着一条条"糖丝"，那就是被转录出来的多肽。多肽折叠，形成蛋白质。各项生命活动的运转离不开这些被细胞合成出来的蛋白质。

122

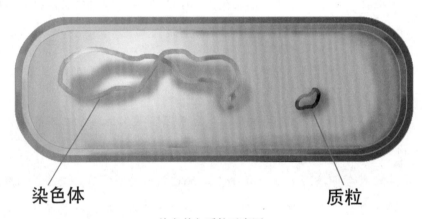

**染色体**　　　　　　　　　　　　**质粒**

染色体与质粒示意图

质粒拥有着大型 DNA 所不具备的一些特点，可以独立于染色体 DNA 自主复制，这让细菌获得了一些"超能力"。质粒赋予了细菌生命非必需的生物性状，如抗生素的抗性、重金属离子的抗性、细菌毒素等。质粒也参与细菌的遗传与变异，可帮助细菌抵御不良外界环境。在对微生物的基因组进行解析，尤其是掌握了它们的"秘密武器"——质粒的特点之后，人们对微生物的驯化进入了前所未有的繁荣时期。如今，"驯化"的微生物已被应用到食品加工、生物医药、环境治理、工农业生产等人类生活的方方面面。

## 质粒的发现

质粒的发现解开了细菌遗传之谜，为20世纪基因工程领域的发展奠定了重要基础。

1952年美国生物学家莱德伯格与爱德华·L. 塔特姆（Edward L. Tatum）通过将具有多营养缺陷型的细菌（当缺乏某种或某些营养物质时便无法生长的细菌）混合在一起培养，获得了非营养缺陷型的细菌。于是他们提出了细菌可通过接触的方式转移遗传物质的假说。随着一系列实验的证实，莱德伯格定义"质粒"为一种存在于染色体以外的遗传物质，除了在细菌中存在，还存在于真核细胞的线粒体和叶绿体中。莱德伯格和他的导师塔特姆因发现质粒与乔治·比德尔（George Beadle）共享了1958年的诺贝尔生理学或医学奖。

现在，我们通常将质粒定义为存在于细胞质中的，独立于染色体以外的，共价、闭合、环状的DNA分子（covalently closed circular DNA，简称cccDNA），具有自主复制能力，并能够表达所携带的遗传信息。质粒天然存在于细菌和真菌中，但却不是细菌和真菌生长繁殖所必需的物质，可自行丢失或经人工处理而消除。质粒携带的遗传信息能赋予宿主菌某些生物学性状，有利于菌体在特定的环境条件下生存。

123

## 高产的"奶牛"

你可能想不到，世界第一个"上市"的基因工程药物是利用大肠杆菌生产的，世界第一支基因工程疫苗是利用酿酒酵母制备的。伴随着基因工程技术的日臻成熟，以大肠杆菌为代表的细菌和以酵母为代表的真菌已成为人类的"蛋白质"加工厂。

在人们运用微生物获取蛋白质之前，养一头奶牛或许是获取蛋白质的好方法，但在紧凑的实验室里养一头壮硕的奶牛，或许并不是一个好主意。如果一头在实验室的奶牛不幸患上了产后抑郁，那它可能会一蹄子让你摔个大跟头，但在实验室里养一些微生物就没有这样的担忧了。

大肠杆菌，顾名思义，就是喜欢生活在大肠里面的呈杆状的细菌。大肠杆菌比较容易获取，易于培养，生长速度极快。你或许会因它们体型微小而质疑其工作效率，但大肠杆菌的能力远超你的想象。大肠杆菌由于体积小，面积与体积之比很大，因此能更高效地进行自身的新陈代谢，这使得大肠杆菌犹如一个效率极高的工厂。人类只要加以适当的管理，就可以让每一个大肠杆菌成为劳模。

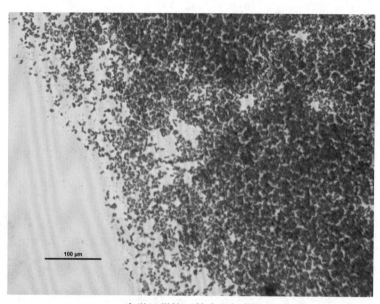

光学显微镜下的大肠杆菌

当然，人们让细菌和真菌成为工具菌并不仅仅因为它们的高效，更主要是它们携带的秘密武器——质粒。此前已经介绍过，质粒是一些天然存在于细菌和真菌细胞中，像甜甜圈一样的小型环状 DNA。质粒赋予了菌们一些"非日常"的"超能力"，如抗生素的抗性、重金属离子的抗性、细菌毒素等。之所以说是"非日常"，是因为菌们就算是没有这些质粒，在大部分情况下也能生存和繁殖，但有了它们，就能够使细菌适应某些特殊环境。

质粒就像是细菌和真菌的私人财产，在自然情况下，菌与菌之间就可以相互交换质粒，可以将质粒传给子代，有些情况下也可能丢失某些质粒。人们想到的是将某些质粒改造后送给"工具菌"。改造的方法随着基因技术的进步而完善，科学家们利用一些酶来剪切和重组质粒，这些酶就像是剪刀和胶水，能够把不同的质粒片段组合到一起。

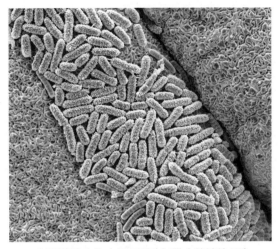

在准备好足够数量的质粒之后，接下来就是将质粒送给"工具菌"了，这一步叫作"转化"。常见的转化方法有两种：一种是用电击

在肠道壁上的大肠杆菌（扫描电镜渲染图）

的方法简单粗暴地在菌体表面打洞，然后让质粒"乘虚而入"，主要用于"皮糙肉厚"的真核微生物，比如酵母；另一种是让菌泡在"麻药"里面，趁它们放松警惕让质粒混进去，主要用于比较配合工作的原核微生物，例如大肠杆菌，常用的"麻药"是氯化钙溶液。

125

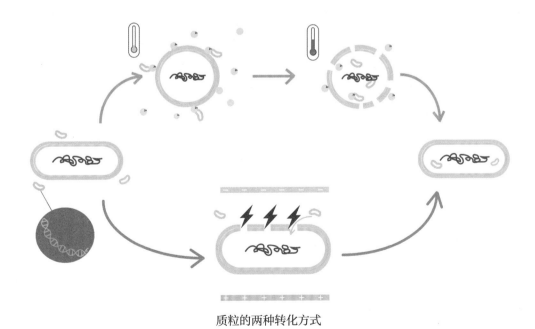

质粒的两种转化方式

在转化后实验员会对菌们进行检验，这时候质粒上的抗性基因就发挥了它们的作用。假如转入的质粒上还有氨苄青霉素抗性基因，那么实验员就会在固体培养基中加入一定浓度的氨苄青霉素，转化成功的菌由于获得了质粒，能够在这样的培养基上生存下来，长出肉眼可见的菌落，而那些不愿意接受质粒的菌，就被抗生素给消灭了，这样就完成了筛选的工作。

普通的大肠杆菌在被"驯化"后，给予合适的环境，经过一段时间的发酵就能产出不亚于一头牛的经济效益，而且真核微生物能做得更精细。真核微生物酵母具有原核细菌无法比拟的蛋白质修饰加工系统，如果把大肠杆菌能够产生的蛋白质比作面包、馒头的话，酵母生产的蛋白质就像是精致而美味的蛋糕。此外，大肠杆菌在生存繁殖时会产生一些能够引起人体发热等免疫反应的内毒素（endotoxin），增加了提纯的工作量，但酵母却不会产生内毒素，这使得酵母成为合成一些需要注入人体的蛋白质（比如疫苗）的首选工具菌。

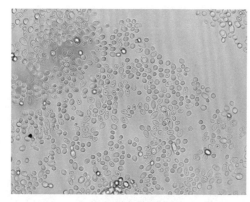

光学显微镜下的酵母

也许单纯地阐述技术手段并不能让人感受到"工具菌"的力量，那我们来看一些实例吧。

1965年，我国科学家通过化学方法首次合成了牛结晶胰岛素，这是世界上第一次人工合成多肽类生物活性物质。合成的胰岛素可在实验室研究中使用，但要实现大规模工业化生产却有些难度。在1973年基因工程诞生之后，生物合成胰岛素的方法已基本取代了化学合成。1980年11月15日，美国纽约证券公司交易所开盘的20分钟内，基因泰克（Genentech）公司新上市股价从3.5美元一路飙升至89美元，成为该证券公司有史以来增值最快的一只股票。原来，该公司在上市前两年，已经克隆出了人胰岛素的编码基因，并将该基因构建在质粒上转化到大肠杆菌中进行表达，成功制造出临床短缺的胰岛素产品，在当时这无疑是医药界的一个奇迹。1982 年，生物合成人体胰岛素获得美国食品药品监督管理局批准，成为世界上第一个上市的基因工程药物。

1986 年，美国默克公司利用酿酒酵母制造了世界上第一支基因工程疫苗。乙肝基因重组疫苗是利用基因工程手段制备的，它将乙肝病毒表面的抗原多肽 HBsAg 的基因片段构建在质粒载体上，再转化到基因工程受体细胞中，表达出具有免疫活性的重组蛋白。由于这种重组蛋白在形态和结构上都与乙肝病毒携带者血清中的病毒颗粒极为相似，在作为疫苗注射后，能有效激活人体免疫系统对这种"假"病毒的识别，并产生针对它的抗体和免疫记忆细胞，从而"记住"乙肝病毒的样子。当下次真的有乙肝病毒侵染机体时，机体能够迅速调动免疫系统对抗病毒感染，从而实现预防乙肝的效果。1993 年 10 月，中国在接受默克公司的技术转让后生产出了第一批重组乙肝疫苗，开始对新生儿进行免疫接种，从此我国新生儿乙肝感染率大幅下降。

127

### 基因工程的诞生

20 世纪初期，生命遗传物质 DNA 的发现开启了人类在分子水平改造微生物的新时代。1968 年，"基因工程的鼻祖"斯坦利·N. 科恩（Stanley N. Cohen）在斯坦福大学研究耐药菌的过程中发现了可独立于细菌染色体复制的遗传物质——质粒，并揭示了细菌抗药性的秘密就在这些小小的质粒上。1973 年，斯坦福科恩小组首次成功完成了基因克隆实验，现代生物技术产业从此萌芽，基因克隆的研究在 21 世纪进入鼎盛时期。人们利用基因工程技术，将 DNA 在体外进行重组，再转入受体细胞，实现基因的体外编辑，赋予生物新的遗传特性，从而创造出符合人们需要的转基因动植物、生物医药制品等。

细菌与真菌除了被用于表达蛋白外，还在发酵工程、酶催化、药物筛选及污染治理等各方面发挥着重要作用。比如常见的沼气池，利用微生物将有机废物发酵处理，能够生产出可利用的清洁能源沼气。再如，可有效处理污水的生物氧化塘，就是利用细菌和藻类共生关系设计的，细菌利用藻类进行光合作用释放的氧气分解塘中的有机物，而藻类利用细菌分解有机物产生的二氧化碳及含氮、磷的无机物和一些小分子有机产物继续进行光合作用，形成了协同处理污水的生态系统。

## 超能的改造者

说到病毒，大多数人对它们都没有什么好印象。病毒的感染会导致人畜患病甚至死亡，但人们想到这一点似乎也可以被利用。被太平洋和印度洋环绕着的澳大利亚，拥有着崇山峻岭、辽阔沙滩与青青草原，拥有着地球上独特的生物圈，这里原本人口稀少，风光旖旎，土著生物生生不息。然而，17 世纪末一艘从英国漂洋过海的船队打破了这里的宁静。为了发展经济，他们将澳大利亚原本没有的物种——兔子引进了澳大利亚。引进的兔子一开始被圈养只是为了获取兔肉，后来兔子又被放到草原上用于狩猎娱乐。澳大利亚没有兔子的天敌，兔子逃到草原上飞快繁殖，过多的兔子造成草原植被破坏，水土流失。人类这些举动严重破坏了澳大利亚当地的生态平衡。为减少兔子的数目，人们想到了利用能引起兔致死性疾病的病毒——兔黏液瘤病毒（*Myxoma virus*）来控制兔的数量。兔子个体在接种该病毒后被放归到群体，一时间，草原上的兔子纷纷感染病毒死亡，此举在半年中成功控制了兔子的泛滥。这是一个生态学上利用病毒控制种群数量的经典案例。

病毒的利用价值并不局限于生态学，有些让人闻风丧胆的病毒，经过病毒学家的改造，也能摇身一变成为用于治疗部分基因遗传病和预防传染病的"工具病毒"！

病毒是一类不具有细胞结构的微生物，它们其实就是蛋白质包裹着核酸（储存其生命信息）形成的一个个肉眼看不见的颗粒，离开宿主细胞，它们就只是一团死气沉沉的化学物质。但是，一旦病毒这些"恶棍们"接触到了它们所能感染的宿主细胞，就会迫不及待地脱掉它们暂时无用的蛋白质"外套"（衣壳），让本体核酸光着膀子冲进细胞内部。一旦成功进入细胞，病毒"核酸"（DNA 或 RNA）就会像"司令官"一样发号指令，指导细胞这个天然大工厂制造病毒的核酸和蛋白质，然后组装成上万个子代病毒释放到细胞外，进而感染更多的细胞。

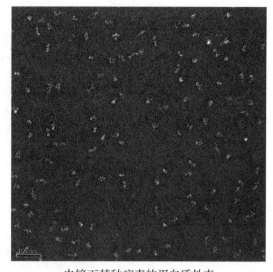

电镜下某种病毒的蛋白质外壳

病毒具有将其遗传物质高效地转导到细胞中的能力，也就是说病毒是一种天然的基因转导工具。这种工具能否被我们所用呢？——当然可以！原则上任何病毒都有望被改造成病毒载体，但是由于病毒的多样性及其与宿主细胞相互作用的复杂性，至今只有少数病毒被开发为基因转移载体，进行不同程度的开发应用。

逆转录病毒是最先被改造并最广泛地应用为基因治疗载体的病毒，而我们的老熟人艾滋病毒就是该病毒科的成员之一。逆转录病毒科的病毒之所以能够被开发为运输 DNA 的载体，是因为该病毒科的病毒具有将自己的遗传信息整合到宿主细胞染色体中的能力。可别小瞧这个本领，这可是其他科病毒都不具备的独门秘籍。逆转录病毒科的病毒能够用"胶水"（整合酶）将病毒家族的"基因"悄悄地"粘"（整合）到它所感染的细胞基因组中，使得病毒基因组能够长期稳定地存在于被感染者的细胞基因组中，即便细胞外的病毒已经全部被清除掉，在下一次合适的机会到来时，病毒的基因又会借着宿主细胞基因转录的激活而生产出新的病毒颗粒，这也是到目前为止都无法根治艾滋病的重要原因之一。科学家们也正是利用逆转录病毒基因整合宿主细胞这一特点，通过将某基因装载到改造的病毒中，然后借病毒之"手"，将目的基因导入到细胞中去。

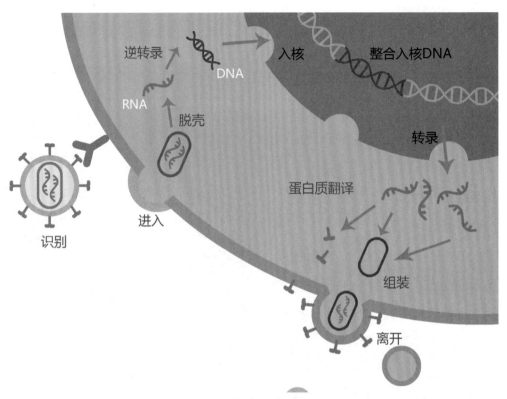

识别　进入　脱壳　逆转录　DNA　RNA　入核　整合入核DNA　转录　蛋白质翻译　组装　离开

HIV 的生命周期

　　HIV 悄悄进入机体后附着到细胞表面上，病毒被膜上的蛋白就像是钥匙，能够特异性地解开宿主细胞膜大门上的锁（即细胞受体），这样病毒的被膜和细胞膜发生融合，病毒就进入了细胞，病毒脱掉了保护其基因组的"衣服"核衣壳，将其 RNA 基因组释放并逆转录成相应双链 DNA 分子，后者进入细胞核内，并在整合酶的作用下插入宿主染色体 DNA 的倾向性位点上。自此，病毒 DNA 随宿主 DNA 复制而复制，并由一个强启动子转录出病毒 RNA 链，它既是病毒基因组，同时又具有 mRNA 模板活性，翻译出病毒结构蛋白和逆转录酶。在宿主细胞质中，两条相同的 RNA 链和逆转录酶被包装于内壳中，以芽殖方式分泌至细胞外。

　　像 HIV 这种高致病性的病毒必须通过基因工程手段改造后，才能被开发为运载外源基因的工具。为了病毒载体使用的安全性，以及让病毒载体尽可能多地携带外源基因序列，科学家们要将病毒中与基因转移不相关的毒力因子基因剔除，将病毒改造成一个只会"搬运"基因到宿主细胞，而不会导致宿主细胞生病的"好搬运工"。

为了将这个原本致人生病的"恶棍"改造成一个人畜无害的"搬运工"，科学家们将这个"恶棍"病毒的基因拆分改造，构建到多个质粒中，组成包装载体病毒的质粒系统。其中，包含病毒复制所必需的基因的质粒，称为"包装质粒"；由其他病毒包膜的基因所构成的第二个质粒，称为"包膜质粒"，它能将病毒原本的包膜替换掉；最后将人们想转导入细胞的外源基因构建在第三个质粒上，称为"载体质粒"。将这些质粒共转染到细胞中进行转录表达，生产出我们所期望的"搬运工"（病毒载体）。"搬运工"身上有三大"法宝"，能够敲开宿主细胞家的"大门"，并将它所携带的基因送到宿主细胞里，让宿主细胞欣然接受并长期稳定表达这段基因。第一大"法宝"来源于"载体质粒"转录出的携带有外源基因的重组 RNA 分子，也就是我们"搬运工"要送给宿主细胞的基因，它可以是宿主细胞由于先天遗传等原因缺失的某段基因，也可以是人们想赋予宿主细胞的某种性状需要的基因序列。第二大"法宝"为"包装质粒"指导生产的病

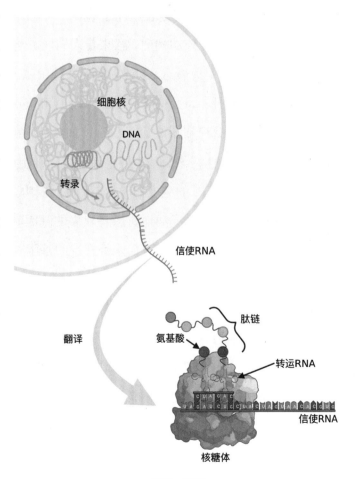

转录、翻译

131

毒的衣服"核衣壳"和病毒复制所需的"酶类"，它们能够帮助"搬运工"保护好它所携带的基因序列，并妥善地送到宿主细胞的基因组中，使所带入的基因整合到宿主细胞基因组中长期稳定表达。第三大法宝为"包膜质粒"转录表达的包膜蛋白，通常使用的是水泡口炎病毒的包膜糖蛋白（vesicular stomatitis virus glycoprotein，简称 VSV-G），VSV-G 就像是一把万能的钥匙，能打开绝大多数宿主细胞家的"大门"，从而让我们的载体病毒具有更广谱的适用性。最终，核衣壳包裹着重组 RNA 分子和病毒感染一轮所需的酶类在细胞膜处出芽，在宿主细胞膜表面获得"打开细胞大门的万能钥匙"（病毒包膜蛋白），组装成了只具有一轮感染能力的载体病毒。这样的载体病毒从此具备了广谱的感染能力，而被感染的细胞也可以长期稳定地表达外源基因。

逆转录病毒载体的成功构建，意味着人们能够将外源基因转导到相应的细胞中，并实现长期稳定地表达，这就为治疗某些由基因缺失造成的遗传疾病带来了可能。1990 年 9 月 4 日，威廉·F. 安德森（William F. Anderson）进行了世界第一次经批准的基因治疗临床试验，两名由于腺苷脱氨酶缺失导致免疫缺陷的女孩，经逆转录病毒载体将该酶基因导入她们骨髓细胞后，自身终于能够合成腺苷脱氨酶，因此获得了正常的免疫功能，试验获得成功。

虽然人们在临床上已成功地将患者缺失的基因利用逆转录病毒载体转导到患者体细胞中，但是逆转录病毒载体所携带的基因在插入到宿主细胞基因组过程中，存在一定程度的随机性，可能会破坏细胞中的重要基因，因此有一定的致癌风险。科学家们利用病毒载体递送外源基因的另一个例子是一种被称为嵌合抗原受体修饰 T 细胞（chimeric antigen receptor modified T cell，简称 CAR-T）的细胞疗法。该疗法的原理是将患者 T 细胞分离出来，利用逆转录病毒载体将肿瘤抗原的受体和免疫受体酪氨酸活化基序（一种向免疫细胞中传递活化信息的氨基酸序列）转导到患者 T 细胞中，实现体外对杀伤肿瘤的 T 细胞的修饰，改造后的 T 细胞在体外扩增后回输到患者体内，修饰后的 T 细胞对肿瘤细胞具有更强的亲和性和杀伤性，克服肿瘤局部免疫抑制微环境，实现高特异性的肿瘤杀伤。此外，CAR-T 在黑色素瘤和脑胶质瘤的治疗上也都显示出良好的抗肿瘤效果。

除临床应用，逆转录病毒载体还被广泛用于生物医药领域的基础研究和其他病毒模型感染的研究中。比如在分析哪些小分子药物或抗体能够抑制某病毒（我们将其命名为 X 病毒）进入细胞时，就可以使用逆转录病毒载体模型。这时，只需将载体病毒的包膜换成 X 病毒的包膜，然后用一个闪闪发光的绿色荧光蛋白基因装载到"载体质粒"中，这样包装出来的逆转录病毒有着 X 病毒的"容貌"但没有 X 病毒致病性的"内核"，于是我们能根据绿色荧光蛋白发出的绿色荧光"跟踪"这些"假 X 病毒"，观察病毒是否有因药物或是抗体处理而降低甚至丧失感染力。

除了逆转录病毒载体外，腺病毒载体也是一种常见的病毒载体。腺病毒科为线性双链 DNA 病毒，无包膜，其家族一共有一百多名成员，但最常用来构建基因转染载体的主要有两种。腺病毒作为转化载体，具有转导效率高、转导后复制稳定、安全性好、不整合人类基因组、不会导致恶性肿瘤等优点。然而早期的腺病毒载体存在许多无法忽视的缺陷，比如该病毒由于无法整合基因组，导致外源基因无法在受体细胞中长时间稳定表达，而且病毒自身蛋白还会引起机体强烈的免疫反应。第三代腺病毒载体尽可能地删除了腺病毒基因组以降低发生不良免疫反应的可能性，并为"外源基因"配备了前往"细胞核"的"导游"（核基质附着区基因），如此使得外源基因定位在细胞核，能够保持长期表达。

腺病毒透射电镜渲染图

### 利用腺病毒生产的新冠疫苗

当前应用腺病毒生产新冠疫苗的原理是将新冠病毒的"外套"（包膜）上的标志性"装饰物"（刺突蛋白）的基因构建在腺病毒载体上，使得重组的腺病毒感染细胞后，细胞能表达出新冠病毒的标志性"装饰物"，但不产生新冠病毒的毒性。这时，我们人类机体的"警察局"（免疫系统）在真正的"坏蛋"（新冠病毒）来之前，就先培训出一部分能够识别"坏蛋"并能对抗它们的"警察"（记忆 B 细胞），用来防范将来真正的新冠病毒入侵。我国目前已有两种腺病毒载体疫苗获得相关部门批准的新药证书且均已上市。

除了腺病毒，疱疹病毒及腺相关病毒等许多病毒载体也逐渐被开发出来。随着人们对生命科学领域的不断探索，我们在与病毒的"战斗"中有了更丰富的经验，通过了解病毒的"生活史"，巧妙利用病毒感染原理，设计出了一个又一个病毒载体，将我们精心设计的 DNA 片段高效地导入受体细胞中，赋予受体细胞新的遗传特性。也许未来，"驯化的病毒"将为科研人员带来新的研究突破，为患者和千千万万的普通人带来更多希望和福音。

## 基因的"魔剪"

正如前面所说的，在这个世界上，不仅我们人类的健康受到多种病毒感染的威胁，就连肉眼都看不到的小小细菌也在生物进化的漫漫历史中不断地用自身的"免疫系统"对抗着病毒——噬菌体。人类发现了细菌们对抗噬菌体的秘密武器，并开发出了一套用以基因编辑的"魔剪"。

在过去的数年里，"魔剪"飞快地进入了全球各地的实验室，入选《科学》（Science）杂志评选的"世界十大科学突破"，它以其廉价、快捷、便利的优势，不仅仅被用作基因编辑，更被广泛应用到疾病诊断和治疗，以及改造物种等领域，为生命科学研究领域带来了暴风骤雨般的改变。

## CRISPR/Cas 的发现与开发进程

早在 1987 年，人们已在大肠杆菌中发现了有间隔串联的重复序列，但一直不清楚功能。2002 年，这一序列正式被命名为 CRISPR。认识到 CRISPR 可能是细菌抵抗噬菌体侵染时遗留下的产物，是在 2005 年由多家实验室发现 CRISPR 序列与侵染细菌的噬菌体高度同源。真正发现 CRISPR/Cas 系统能够使细菌抵抗噬菌体的"免疫系统"这一工作，是在 2007 年由鲁道夫·巴兰古（Rodolphe Barrangou）等完成的。2012 年 8 月，由加州大学伯克利分校的珍妮弗·道德纳（Jennifer Doudna）和德国马普学会的埃玛纽埃勒·沙尔庞捷（Emmanuelle Charpentier）领导的研究团队在《科学》杂志上发表文章正式提出可利用 RNA 介导 CRISPR/Cas 系统实现基因编辑。道德纳和沙尔庞捷也因此获得了 2020 年的诺贝尔化学奖。2013 年初，美国麻省理工学院的张锋研究团队的成果首次证明了 CRISPR/Cas 系统能用于哺乳动物细胞基因的编辑。随后，CRISPR/Cas 基因编辑技术成为生物技术领域最大的"宠儿"。

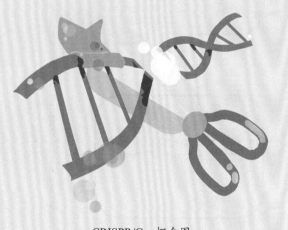

CRISPR/Cas 概念图

"魔剪"的真名叫做"CRISPR/Cas"，它其实就是细菌的"免疫系统"的组成部分：CRISPR 是细菌基因中的一段规律间隔性成簇短回文重复序列（clustered regularly interspaced short palindromic repeats，简称 CRISPR）；而 CRISPR 相关蛋白（CRISPR associated proteins，简称 Cas）是细菌和古生菌中的一种抵抗外源基因入侵的蛋白，具有核酸内切酶活性（具有从核苷酸链中间切断的能力），其中目前最常用的是 Cas9 蛋白。细菌为抵抗噬菌体的反复侵染，它们会对入侵的噬菌体核酸进行识别，并用自身的 Cas 蛋白切割对于细菌而言致命的噬菌体核酸，实现免疫。其工作原理很简单，就像是警察抓小偷一样。首先就是噬菌体身上自带的"坏人鉴定章"（PAM 序列）被"执行警察魔剪"（Cas 蛋白）识别，并将"小偷"噬菌体的"简历"（噬菌体 DNA 信息）剪切下来，把它收入自己的"档案"中间，即 CRISPR 的重复序列（间隔序列）中间。然后宿主细菌根据"档案信息"拟定一些"小偷"噬菌体的"通缉令"（转录出噬菌体 RNA，pre-crRNA）四处分发。最后，"执行警察魔剪"根据"照片"（crRNA，由 pre-crRNA 加工而来）"抓住"（转录出的噬菌体 RNA 和入侵的噬菌体 DNA 结合）入侵的噬菌体，将记录着阴谋的噬菌体 DNA 切个粉碎！

基于 CRISPR/Cas 的工作原理，我们可以将细菌的"魔剪"（Cas 蛋白）引入到微生物细胞、植物细胞、动物细胞，甚至是正在发育的受精卵中，对动物、植物、微生物的基因进行编辑，改变其性状。首先将想要切割破坏的基因组 DNA 序列以 CrRNA 的形式在体外合成出来。然后转导入表达 Cas 蛋白的细

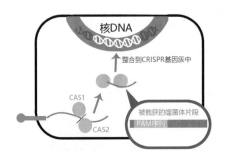

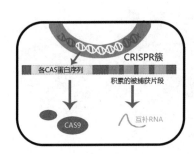

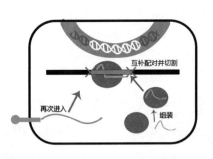

CRISPR 原理图

胞中，"魔剪" Cas 蛋白在找到"坏人鉴定章"后高效、特异地切割 PAM 临近位点，使得目的基因序列 DNA 链发生断裂，这就给我们基因编辑带来了机会。此时能够引入目的基因，也能够利用哺乳动物细胞 DNA 损伤自我修复能力，在 DNA 断裂处引入新的碱基对，引发目的基因的移码突变。

在发现 CRISPR/Cas 系统可以编辑哺乳动物基因组之后，该技术得到了迅速的推广应用，这让科学家们好似拥有了"上帝"之手，允许人们以一种更便捷、更高效、更精准的方式去编辑动植物及微生物的基因，实现作物的改良、动物模型的构建、病毒感染新疗法的开发以及肿瘤基因的敲除等。

CRISPR/Cas 系统可以有效提高动物模型构建效率，大大缩短模型构建周期，目前已广泛用于构建各种基因敲除、基因敲入以及诱导突变的动物模型。中国科学院动物研究所周琪团队利用 CRISPR/Cas 技术首次对大鼠的 Tet1、Tet2、Tet3 基因进行了基因敲除，构建了基因敲除大鼠模型。

137

CRISPR/Cas 系统还可以用来消除有害物种，相信你一定讨厌每年夏天都送你"大红包"的蚊子，如果 CRISPR/Cas 系统成功攻陷了雄蚊子的 X 染色体，这群雄性蚊子的后代就只能是"人畜无害"的雄性了，而且，随着蚊子种群中雄性蚊子越来越多，雌性蚊子越来越少，雄蚊子们将面临孤独终老的局面，长此以往，必将减少蚊子的种群数量。

CRISPR/Cas 系统目前在包括基因遗传病、肿瘤病及病毒性传染病治疗的研究中已有不少探索，为后续的临床转化应用打下了坚实的基础。杜氏肌肉营养不良症是最常见的一类 X- 连锁隐性遗传的进行性肌营养不良症，利用 CRISPR/Cas 系统能够修正导致肌无力的基因，为该病的治疗提供了可能性。肿瘤发生归根结底是基因突变导致的，CRISPR/Cas 强大的基因编辑能力在开发应用于 CAR-T 疗法中也有着不错的前景。目前，CRISPR/Cas 系统的运用仍未达到十分成熟的程度，在基因编辑过程中有时不够准确，还存在一些生物安全和伦理的问题，这些也成了限制 CRISPR/Cas 系统应用于临床治疗的瓶颈，但相信随着研究人员不断地深入探索，总会有新的突破。

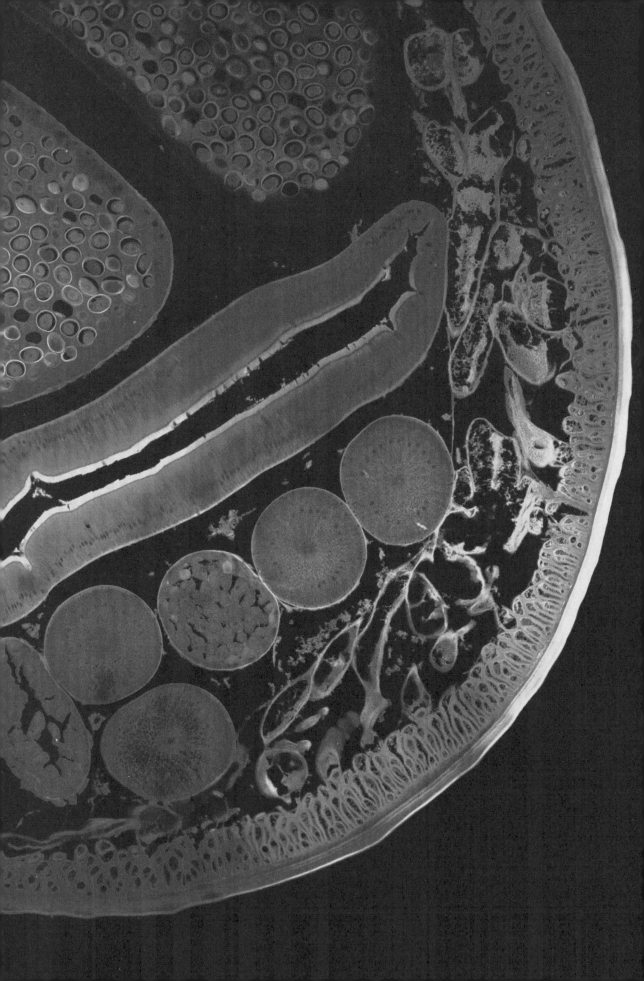

# 第四章

## 赴来奔未

# 一、未知时空中的微生物

借助显微镜，我们看到了微生物，知道它们千姿百态，无处不在；借助现代技术，我们认识了微生物，驯化它们直接为我们工作，开发出秘密武器对抗有害微生物。这一切都让我们欣喜若狂，仿佛人类就是世界的主宰、自然界的霸主。而实际上，微生物的世界就像浩瀚的宇宙一样充满未知，我们人类目前所见到的只是沧海一粟。有很多很多的微生物，它们生存的环境远离我们的生活圈，因此不易被发现，也不易被关注。一些不起眼的野生动植物身上、火山或者冰川等极端环境中，也常常有微生物的驻扎，甚至其他星球上也可能有微生物存在……无论是时间还是空间维度上，我们对微生物还有太多的未知。

## 隐秘角落

人们常驻于城镇与乡村，但地球上仍有许多地方是人迹罕至之地，比如密林、冻土、深海。一般只有探险家或者科学家才会深入这些地方，人们对于这些地方的了解少之又少，但那些"土著们"就不一样了，它们对自己世代生存的地方了如指掌。

洞穴是自然形成的一种地下空间，广布在世界各地，目前已经勘探过的洞穴只有总数的 10%，而在这些已经被勘测的洞穴中都发现了种类十分丰富的微生物。但是由于培养条件的限制，很多洞穴微生物都在采样和培育过程中发生

埃博拉病毒透射电镜渲染图

了丢失。也就是说，即便是目前已经勘测到的洞穴，我们也无法确切地知道里面究竟生存了多少种微生物。野生动植物的身上通常会携带许多未知的病毒，这些病毒一般与它们的天然宿主达成了一种默契，既寄生于宿主，又不会使宿主患病。但是，如果这些病毒转移到新的宿主身上，就可能使新的宿主患上严重的疾病，甚至引起死亡。蝙蝠就是一个典型例子，它有着"移动的病毒库"的称号。蝙蝠通常生活在洞穴这类温暖湿润的地方，而这样的环境也是病毒生长的温床，因此蝙蝠便成了病毒钟爱的天然宿主。科学家们已经在蝙蝠体内发现了 173 种病毒，其中包括能够致人死亡的烈性病毒，比如狂犬病毒、尼帕病毒、马尔堡病毒、埃博拉病毒、SARS 病毒等。后来，科学家在缅甸地区的蝙蝠体内又发现了 6 种新型的冠状病毒。作为"移动的病毒库"，蝙蝠身上所携带的病毒究竟有多少仍然是个未解之谜。

### 蝙蝠为何"百毒不侵"？

蝙蝠是唯一具有飞翔能力的哺乳动物，它们神秘而又独特。它们的身上携带着上百种病毒，而自己却可以百毒不侵，这究竟是为什么呢？

首先，蝙蝠具有独特的基因，在进化过程中发生了很多独特的突变，这使得一些基因功能改变，从而让蝙蝠获得了独特的抗病毒能力；其次，蝙蝠的新陈代谢速率很快，以至于其体温能够达到 40℃左右，这就类似我们人体免疫系统在抵御病毒感染时会发烧一样，蝙蝠维持这样的高体温就能够有效抑制病毒的复制；最后，蝙蝠的免疫反应与众不同，在面对病毒感染时其免疫系统往往选择忍气吞声，只是压制病毒，而不是对病毒赶尽杀绝，从而实现了与病毒的和平相处。

蝙蝠

虽然蝙蝠携带的病毒对它自己无害，但是一旦病毒跨越物种传播就很可能导致传染病的流行，就像当年流行的 SARS 一样，所以和野生动物保持必要的距离也是预防传染病暴发的关键。

143

我国科学家为新病毒的发现也作出了巨大贡献。2016 年，中国疾病预防控制中心传染病预防控制所人兽共患病室张永振研究员团队在《自然》（*Nature*）杂志发表论文，报道了他们在中国湖北、浙江和新疆陆地地区以及黄海、东海和南海海洋地区的 220 种无脊椎动物身上发现了 1445 种全新的病毒，其中命名了 5 种新的病毒——越病毒、秦病毒、赵病毒、魏病毒和燕病毒，这次发现无疑又丰富了微生物的图谱[①]。除了动物病毒，科学家们应用测序技术在植物中也不断发现新的病毒，比如在蛇鞭菊中发现的蛇鞭菊轻斑驳病毒，在野蔷薇中发现的玫瑰叶丛簇伴随相关病毒和桃裂果伴随相关病毒。[②]

---

① Shi M, Lin X D, Tian J H, et al. Redefining the invertebrate RNA virosphere [J]. Nature, 2016, 540(7634): 539–543.

② 赵娜，苗艳梅，赵敏. 未知植物病毒分子生物学检测方法的研究现状 [J]. 江苏农业学报，2019，35（01）：224–228.

## 极端环境

　　除了物种丰富的自然环境，地球上还存在着一些极端环境，如寒冷的南北极、压强巨大的深海、几百摄氏度高温的火山和热泉、高渗透压的盐湖等。在这些极端环境中，普通生物无法生存，因此常被认为是生命禁区。然而，在这些恶劣的自然环境中还是生活着许多微生物，它们被称为"极端微生物"。按

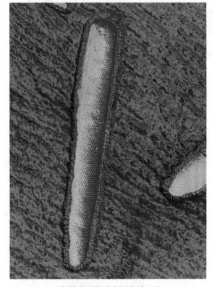

照不同的生活环境划分，极端微生物分为嗜热微生物（*Thermophiles*）、嗜冷微生物（*Psychrophiles*）、嗜碱微生物（*Alkaliphiles*）、嗜酸微生物（*Acidophiles*）、嗜盐微生物（*Halophiles*）、嗜压微生物（*Barophiles*）、耐辐射微生物（*Radiotolerant microorganisms*）等类型。"嗜"这个字时常让人想到"嗜好"这个词，也许在一开始这些微生物并不喜欢这些极端环境，但因为本身移动能力有限等原因，无法脱离这些环境，从而练就出一身在极端条件下活下去的特殊本领。

144

嗜热杆菌电镜渲染图

　　嗜热微生物主要分布在热泉、火山附近。在美国黄石国家公园的含硫热泉中分离到了一种嗜热微生物——酸热硫化叶菌（*Sulfolobus acidocaldarius*），它可以在90℃以上的温度下生长繁殖，能够利用硫黄产生硫酸。这类嗜热微生物通常具有耐高温的细胞壁、核酸和蛋白质，甚至耐高温的质粒。

### 嗜热杆菌与生物技术的发展

　　嗜热杆菌由于其耐高温的特点而被科学家们关注，我国科学家率先从中分离出一种DNA聚合酶——TaqDNA聚合酶，这种酶可以耐高温，即

使在95℃的高温下也不会失活，它被应用到分子克隆技术中，使基因扩增的过程实现了自动连续循环，极大地提高了分子克隆的效率。

在分子克隆过程中，需要通过聚合酶链式反应（PCR）在体外扩增特定的DNA片段。PCR主要包括三步：模板DNA的变性（在95℃下打开双链结构）、模板与引物的退火（60℃左右）、引物延伸（DNA聚合酶催化下合成互补链）。然后循环重复这个过程以达到扩增DNA的效果。原始的DNA聚合酶不耐高温，在高温下便会失活，因此每一轮PCR都需要添加新的DNA聚合酶，过程十分繁琐，直到TaqDNA聚合酶的发现。它的应用使分子克隆变得更加简单快速，极大地便利了科研工作。

嗜冷微生物主要分布在地球两极、冰川、冻土、海洋深处等地。科学家们在南极-60℃～0℃的低温环境中分离到的多种嗜冷菌，如芽孢杆菌属（*Bacillus*）、链霉菌属（*Streptomyces*）、八叠球菌属（*Sarcina*）、诺卡氏菌属（*Nocardia*）和斯氏假丝酵母（*C.scottii*）。这类嗜冷微生物的细胞膜中含有大量的不饱和、低熔点脂肪酸，能保证低温下生物膜的活性。

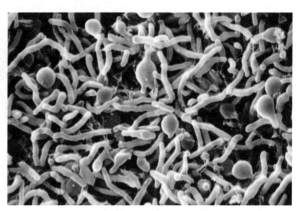

嗜冷微生物扫描电镜渲染图

嗜碱微生物主要分布在碳酸盐湖、碳酸盐荒漠以及极端碱性湖。目前已分离的嗜碱菌有芽孢杆菌属（*Bacillus*）、棒杆菌属（*Corynebacterium*）、微球菌（*Micrococcaceae*）、链霉菌属、假单胞菌属（*Pseudomonas*）、黄杆菌属（*Flavobacterium*）等。嗜碱菌可以在pH 10—11条件下生长，它们依靠特殊的生理机制使细胞维持在pH 7—9以下，同时产生多种碱性酶以适应碱性环境。

嗜酸微生物主要分布在酸性矿水、酸性热泉中。硫化细菌（*Thiobacillus*）、氧化亚铁硫杆菌（*T. ferrooxidans*）、椭圆酵母（*Saccharomyces ellipsoideus*）、红酵母属等都是在这些环境下发现的。现在一般认为这类微生物嗜酸的原因是它们的细胞壁和细胞膜具有排斥氢离子、对氢离子不渗透或把氢离子从胞内排出的能力。

　　嗜盐微生物主要分布在盐湖、盐场、盐矿中。这类微生物包括盐杆菌属（*Halobacter*）、盐球菌属（*Halococcus*）、嗜盐甲烷菌（*Methanohalophilus*）、盐深红菌属（*Halorubrum*）、嗜盐碱球菌属（*Natronococcus*）等。很多嗜盐微生物的嗜盐机制还有待探索，目前发现盐杆菌和盐球菌具有排 $Na^+$、吸 $K^+$ 的能力，从而维持细胞内外的渗透压；嗜盐甲烷菌可以在胞内合成大量甘油等溶质来平衡渗透压，并从外界吸收水分以维持正常渗透压。

## 粉红色的湖

　　在澳大利亚有一个神秘的湖泊——希利尔湖，它的湖水呈现粉红色，十分梦幻，宛若童话故事中的仙境，置身其中就仿佛自己也变成了童话故事中的女主角。这美丽又独特的景观吸引着来自世界各地的旅游爱好者，人们都想一睹这粉色湖泊的美。科学家们也同样对这神奇的现象十分

粉红色的希利尔湖

感兴趣，想要找到令湖泊呈现粉色的原因。研究发现，湖水中存在一种盐生杜氏盐藻（*Dunaliella salina*），这是一种嗜盐微生物，它能够制造类胡萝卜素，类胡萝卜素吸收太阳光使得藻类呈现粉红色。因此，密密麻麻的杜氏盐藻，将湖水染成漂亮的粉红色。

嗜压微生物主要分布在海洋深处以及深油井中。在海平面 10000 米以下的深海处，水压超过近 1000 个标准大气压，仍然还可以找到多种嗜压菌。嗜压微生物的嗜压机制目前还不很清楚。

辐射会导致 DNA 双链断裂、蛋白质等大分子损伤，而且这种对生物体的损害会遗传给后代，造成后代畸形或死亡，而耐辐射微生物对这种高辐射环境具有耐受性。1956 年，美国科学家在经辐照灭菌的罐头里发现了耐辐射异常球菌（*Deinococcus radiodurans*），随后在辐射污染区、大气中、沙漠中也发现了多种耐辐射微生物。耐辐射微生物有很强的抗氧化系统和基因修复系统，因此耐辐射微生物在生物技术、生命健康、地外探索等领域有着非常广阔的研究和应用前景。我们身体出现的很多问题都与体内自由基的堆积和氧化相关，比如机体的衰老、细胞的癌变、免疫力降低、动脉硬化等，所以抗氧化对于人体的健康是非常重要的。科学家们在耐辐射微生物中分离出了多种抗氧化酶，这些酶或许在未来可以被开发成抗氧化药物，用于治疗多种疾病或用来延缓衰老。

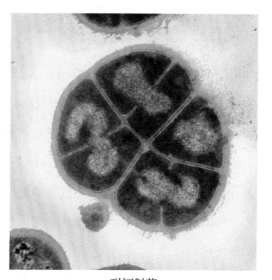

耐辐射菌

## 地外星球

宇宙浩瀚无穷，我们所居住的地球只是其中一颗小小的行星，太阳系里尚有七大行星及其卫星等待着人类去探索，而更大的银河系，以及银河系以外的其他星系我们知之甚少。虽然目前我们还没有在其他星球上发现有生命的存在，但是从目前我们对极端微生物的了解来看，最有可能在外太空存在的生命就是微生物了，毕竟它们的生存能力是如此超群。

火星目前被认为是最有可能存在生命的星球。2001年，"奥德赛"号火星探测器探测到火星南半球上有冰水存在的迹象；2008年，"凤凰"号火星探测器在火星上发现了冰冻水，并在着陆地点发现高氯酸盐，这是微生物用以新陈代谢的重要化合物，这给了我们一些提示：或许真的有微生物在这里生活着。除了火星探测器获得的这些信息，多国的科学家们也曾在火星陨石中找到了微生物的痕迹。2009年，美国国家航空航天局（National Aeronautics and Space Administration，简称NASA）的科学家在火星陨石中找到了细菌的化石痕迹；2019年，匈牙利科学院（Hungarian Academy of Sciences，简称HAS）的科学家在火星陨石中找到了细菌代谢的痕迹。

除了火星之外，最有希望发现生命的天体是木星卫星木卫二欧罗巴（Europa）和土星卫星土卫二恩克拉多斯（Enceladus）。"伽利略"号木星探测器曾观测到木卫二表面冰层下埋藏着液态水，而且内部还存在火山。"卡西尼"号土星探测器曾探测到土卫二的冰面下存在由液态水构成的海洋，并在表面喷发出的羽状喷射物中检测到了碳氢化合物。碳氢化合物通过一定的化学反应就有机会转化成有机大分子，产生与生命相关的有机物如氨基酸、核苷酸等，这一发现更加提高了生命存在的可能性。微生物是地球上最简单的生命形式，也许在这些拥有生命生存基础条件的星球上，也有它们的落脚点。

或许还有人会对月球抱有期待，在上面发现微生物。2020年12月17日，嫦娥五号探测器从月球带回约2千克月壤，为研究地外环境提供了宝贵的材料。月球的环境能够孕育出生命吗？那里适合生存吗？微生物是地球上历史最久远的生命，月球是陪伴地球唯一的卫星，或许对它的研究会在未来给我们一个答案。

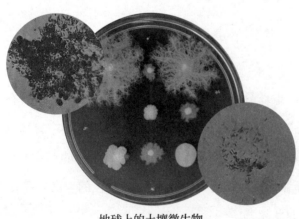

地球上的土壤微生物

## 现存化石

在博物馆里，我们可以观赏到不同时期出产的生物化石，以此了解生命的起源与发展。就我们目前已经发现的化石来分析生命起源的话，地球上最早出现的生命个体就是原核生命——细菌。2017 年，伦敦大学地球科学系的研究人员在勘察加拿大热泉喷口时发现了约 42 亿年前的微生物化石，并分析化石中的微生物可能是铁代谢细菌，这是我们现在为止最早的生命记录了。在此之前，也有许多微生物化石被发现的报道，比如 2009 年，在非洲发现了距今 32 亿年前的细菌化石；2011 年，在澳大利亚发现了距今 35 亿年前的微生物化石。随着地质勘查的持续进行，微生物化石的记录也在不断被刷新，我们也能借助这些化石了解那些在几十亿年前曾经出现过的生命。

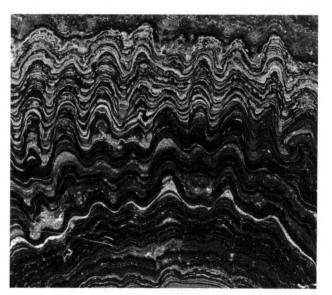

微生物化石

149

当然，用这样的方法去认识远古生命形式也有一定的局限性，因为微生物的体积十分微小，大部分微生物都无法用肉眼直接观察到，只能找到一些比较大的微生物的踪迹。像病毒这种极其微小的微生物，它们没有细胞结构，需要在宿主细胞内才能开展自己的生命活动，因此寻找远古病毒痕迹的难度更大。也正因为探索远古病毒如此艰难，我们至今也没有搞明白病毒究竟来自哪里，它们是从生物大分子直接进化而来的吗？还是从细胞中逃逸出的一部分呢？又或者存在着其他的起源方式？也许在未来，我们能够从尘封的历史中追溯到它们的根源。

# 二、进化中的微生物

微生物本身存在着遗传与变异，让自身的种群数量更大，种类更多。有些变异可能会让它们对环境有更好的适应性，但也会给其他生命造成一些麻烦……人类已经做到了对抗和驯化微生物，那么，我们是不是还可以制造出全新的微生物呢？

## 超级细菌

"物竞天择，适者生存"是自然界的生存法则，微生物的生存也遵循这一法则。我们人类与微生物之间的战争由来已久。为了对抗细菌，人们不断开发出新的抗生素，而细菌也在不断变异，适应抗生素的细菌生存了下来，于是耐药菌、超级细菌相继出现，而且队伍越来越壮大。目前比较受外界关注的超级细菌有：耐甲氧西林金黄色葡萄球菌（*Methicillin-resistant Staphylococcus aureus*）、耐多药肺炎链球菌（*Multidrug-resistant Streptococcus pneumoniae*）、耐万古霉素肠球菌（*Vancomycin-resistant Enterococcus*）、多重耐药性结核杆菌（*Multidrug-resistant Tubercle bacillus*）、多重耐药铜绿假单胞菌（*Multidrug-resistant*

超级细菌

*Pseudomonas aeruginosa*）和携带 NDM-1 基因的大肠杆菌以及肺炎克雷伯菌等。我们就以其中两个为例，简单了解一下超级细菌的诞生过程。

耐甲氧西林金黄色葡萄球菌于 1961 年在英国被发现，它是最早被发现的超级细菌。1959 年，科学家研究出半合成青霉素（即甲氧西林）用以杀死耐青霉素的金黄色葡萄球菌，然而在 1961 年人们就发现了耐甲氧西林金黄色葡萄球菌，短短两年，细菌就完全适应了新的抗菌药物，如此强大的适应能力实在是令人震惊。

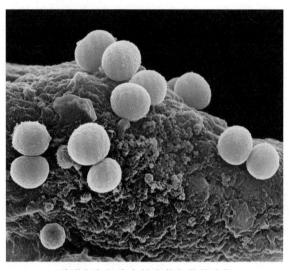

黏附在白细胞上的金黄色葡萄球菌

2008 年，英国卡迪夫大学的研究者蒂莫西·沃尔什（Timothy Walsh）在一名瑞典患者身上分离出的一株肺炎克雷伯菌（*Klebsiella Pneumoniae*）中鉴定出了新德里金属 β - 酰胺酶（NDM-1）。NDM-1 是一种新型 β - 内酰胺酶，能够水解碳青霉烯类抗菌药物，NDM-1 的出现使细菌获得了抵御碳青霉烯类抗生素的能力，而碳青霉烯类抗生素被认为是紧急治疗抗药性细菌感染病症的"撒手锏"。这不禁让人们担忧，一旦 NDM-1 型超级细菌在人群间传播开来，以目前的医疗条件来说，人类还无法找到遏制它们的方法，人类的健康将面临巨大的挑战。

对于超级细菌的耐药机制，科学家已经进行了深入研究，并取得了初步进展，比如：细菌产生水解酶或者钝化酶，破坏抗生素结构；改变药物作用靶点的结构或数量；改变渗透性，阻止药物的进入；主动将药物排出体外；形成生物被膜。随着对耐药机制认识的加深，科学家们也一定会找到对抗超级细菌的办法。超级细菌的出现是一种自然现象，我们无须过分惊慌和担忧，但必须重视，人类战胜了这些超级细菌，新的超级细菌还会出现，并且更加强大，或许这是一场永远也没有尽头的拉锯战……

## 善变的病毒

在微生物的家族中，最"善变"的当数病毒了。这里的"善变"是指生物体非常容易发生基因突变从而进化成新的模样，以及获得新的能力。基因突变是一种非常普遍的自然现象，生物体为了能够在激烈的生存斗争和恶劣的自然条件下生存，就会经历基因的突变，这是生物体生存演化的重要方式，也是生物体进化的基础。因此，未来新病毒的种类会越来越多。

病毒为何如此"善变"？首先，这与它的结构有关。病毒作为最简单的生物个体，基因组很小，没有复杂的染色体结构，因此相较于具有复杂结构的染色体来说，病毒基因的复制速度非常高，其复制频率可达每日数以亿计，远远高出其他任何生物。基因在复制时往往会出现错误，复杂生物体通常会合成一些具有修复功能的蛋白质，对错误及时进行修正，从而大大减少基因突变的概率；而病毒因为没有细胞结构，自身就无法合成这些蛋白质，复制过程产生的错误也不能被及时修正。随着复制次数的增加，这种错误就会逐渐积累由量变引起质变，最后直接改变病毒的一些功能。因此高速的复制和高频的突变为病毒的进化提供了首要条件。其次，病毒还可以通过基因片段的重组、重配来交换遗传信息，当两种以上的病毒同时感染一个宿主细胞时，不同病毒之间便有机会交换基因。再次，病毒与宿主细胞的基因组之间也可以发生基因的交换，这是病毒进化的另一个主要原因。最后，一些外在因素也会影响病毒的变异，比如高温、辐射、化学诱变剂诱导的基因突变，以及抗病毒药物的使用导致耐药突变株的出现等。

感染病毒会导致传染性疾病的发生，因此一些人对病毒感到十分恐惧，甚至到了"谈毒色变"的地步。其实，这样过激的反应完全没有必要，因为能够直接感染人类并且产生疾病的病毒是非常少的。如果将病毒按照宿主分类的话，病毒可以分为植物病毒、细菌病毒和动物病毒，而只有一小部分的动物病毒是可以感染人的。病毒学家们通过统计发现，在感染人的这些病毒中大约70%都是来自动物宿主，也就是说，动物身上所携带的病毒变异后才获得了感染人的能力，比如人免疫缺陷病毒（HIV）是由猿猴免疫缺陷病毒（SIV）进化而来的；SARS病毒是动物源冠状病毒在进化过程中获得了感染新宿主的能力，从而跨越物种感染了人；H7N9禽流感病毒是由不同亚型的禽流感病毒发生基因重配后所产生的能够感染人的新型病毒。

　　未来随着原有宿主的消亡或进化，或许病毒也将不断进化，突破不同宿主之间的物种屏障，获得感染人类的能力，新的病毒性疾病也会随之出现，而那些原本已经被控制住的病毒也可能改头换面卷土重来。时刻保持警惕，积极应对，也许是我们应对微生物变异的一大方针。

## 人造微生物

153

　　充满智慧的人类能够制造出各种可以帮助到我们的工具。曾经车马很慢，于是我们便创造了火车、飞机、轮船……让路上的时间不再漫长；曾经书信很远，于是我们创造了电话、电脑……人与人之间的距离不再遥远。微生物也不例外。随着生物分子技术的发展，科学家们现在也可以通过基因编辑、分子克隆等技术对微生物进行改造，使它们获得一些新的特殊功能，来满足人们的需求。例如，将抗体的编码基因克隆到噬菌体外壳蛋白结构基因中，使噬菌体表面可以表达不同的抗体，构建一个含有多种多样抗体的文库，再利用抗原—抗体的特异性结合的特点，就可以像鱼钩钓鱼一样，把抗体钓出来，筛选出可以治疗疾病的抗体。科学家们还将腺病毒改造成为载体，通过与保护性抗原的基因进行重组，设计腺病毒载体疫苗，这一技术也被应用在新冠病毒疫苗的研发中。

　　无穷无尽的创造力是人类持续发展的源泉，人类文明正是在创造力的推动下不断进步，壮大。或许就像创造智能机器人一样，未来人类也可以按照不同需求创造出各式各样的新型微生物，比如可以特异性识别肿瘤细胞的新型病毒，利用病毒来消灭癌症；可以修复神经细胞的病毒，用来治疗阿尔兹海默病、帕金森病等神经方面的疾病；设计能够创造石油、天然气、金属等不可再生资源的细菌来彻底解决资源匮乏的难题……

## 人造生命的诞生

除了原核生物以外，其他生命个体的遗传物质都是以染色体的形式存在的，而生命个体的所有生命特征都由染色体上的基因所调控。假想一下，如果我们可以人工合成出染色体，是不是就可以创造生命了呢？

其实这并不是天马行空的想象，我国科学家已经创造出了单染色体酿酒酵母。在 2018 年，中国科学院分子植物科学卓越创新中心的覃重军科研团队便在顶级科学研究杂志《自然》上发表了人造酵母染色体的科研成果。他们将酵母的 16 条染色体分别合成后，开展了 15 轮的两两染色体间的融合，经过 4 年时间的努力，最终合成了包含 16 条染色体遗传信息的单条染色体，在融合的过程中同时删除了其中一些不必要的重复序列，使复杂的生命体能够以最简单的形式呈现出来，最终获得酵母 SY14 菌株。这种人工合成的酵母在生长和繁殖等方面都表现正常，与天然的酵母没有明显差异。[①] 人造酵母的成功为我们打开了人造生命的大门，未来，更多的生命形式将会被创造！

154

---

① Shao Y Y, Lu N, Wu Z F, et al. Creating a functional single-chromosome yeast［J］. Nature, 2018, 560(7718): 331–335.

# 三、未来的战"疫"

1918 年大流感以来的一百多年时间里,世界上几乎没有再发生过严重的传染病全球大流行。虽然像埃博拉出血热、登革热、中东呼吸综合征等,也会在一定时间、某些地区肆虐,造成比较严重的伤害和恐慌,但并没有带来全球性的大灾难。大部分人只是从新闻、书本里知道曾经瘟疫的残酷,并未亲身经历。甚至连科学界也一度认为,未来人类面对的疾病威胁主要来自癌症和代谢类慢性病。

然而,2002 年的"非典"与 2020 年的"新冠"疫情,又让人类见识到了瘟疫的凶狠和残酷,历史经验告诉我们,新冠肺炎疫情绝不会是人类最后一场瘟疫,而未来瘟疫的暴发,也极可能搭上"全球化"的顺风车,造成全球范围的影响……说到这里,或许有人会问,微生物的存在就是为了传播疾病吗?它们和人类之间只有你死我活的斗争吗?它们无法和人类和平相处吗?答案当然是:不。

155

## 未来的瘟疫

尽管我们不能像了解过去一样预测未来,但是基于对瘟疫的本质和环境条件的深层认识,至少能从包括人类在内的自然变化来探讨一些未来可能出现的瘟疫,并期待能够运用有效手段在灾难发生的初期就化解它。那么在未来,我们可能会遇到怎样的瘟疫呢?

未来的瘟疫，可能是抗药性引发的。已有的报道称 2016 年全球有 70 万人死于抗药性疾病，预测到 2050 年每 3 秒就可能有 1 人死于抗药性疾病。有医学专家警告，如果不及时找到合理的对策，死于超级细菌感染的人将不计其数。

未来的瘟疫，可能是快速致死疾病的病毒发生基因突变造成的。例如，埃博拉出血热、裂谷热、马尔堡出血热等疾病的病毒，都具高度传染性且能快速置人于死地，但它们的扩散能力却也因此受到限制，因为患者还来不及将病原散布开来就已丧命。加之这几种疾病都需要近距离接触才会传染，所以至今尚未在全球发生大流行。但是一旦这些病毒发生了基因突变，就有可能提高蔓延能力，甚至改变传染方式，从而造成更大规模、更加严重的瘟疫流行。

未来的瘟疫，更可能是人畜共患病毒从野生动物跨越物种传给人类引发的。科普知名作家、英国生物学会书籍奖获得者大卫·逵曼（David Quammen）在其 2016 年的著作《下一场人类大瘟疫》中提出警告，下一场凶残的人类大规模流行病、杀害数百万人的重大疫情，肯定是由一种新疾病所引发——至少会是对人类而言的"新"型病原体。这种杀手病原体最有可能是一种从非人类动物"外溢"传进人群的病毒，威胁人类的生命和健康。2016 年的预言和警告言犹在耳，2020 年新型冠状病毒疫情已经席卷全球，造成的影响难以估量。

未来的瘟疫，也可能是由"解除封印"的病毒引发的。在 2014 年，法国科学家报道了一项"复活"病毒的实验。在实验室里，科研团队从俄罗斯远东地区的楚科奇自治区采集到的一份冻土样本中找到了一种"西伯利亚阔口罐病毒（*Pithovirus sibericum*）"，其生存年代正是 3 万年前尼安德特人灭绝之时。然后，研究人员尝试利用单细胞生物阿米巴原虫，将其作为宿主来"复活"并安置该病毒。该病毒进入了细胞并且开始繁殖，最后杀死了细胞。研究结果证明它能够杀死阿米巴原虫，但不会感染人体细胞。在 2020 年 1 月，有科学家发表论文称，在对世界古老冰川取到的冰芯样本进行了基因组测序分析后发现，样品中所含的 33 种病毒在分类中归于 4 个已知病毒属，28 个未知的病毒属，而且这些病毒存在的时间最早大约是在 1.5 万年前。试想在某些条件下，比如全球气候变暖，使得冰川融化,那么这些被"封印"的"古老"病毒会不会重现于世?走进人类的生活,引发瘟疫?

人类在瘟疫面前,一直表现得极其脆弱,近百年来得益于生物医学的进步,人类才在传染病的防控方面占据了一定的主动性。于是,有人提出用"科学"将"敌人"一网打尽。然而面对"玄机"重重的大自然,这种方式可行吗?

## 简单的对策

俗话说"病从口入",那我们就看一看在"管住嘴"方面,应该如何树立科学饮食新风尚。

流传数千年的美食文化博大精深,"食补"是其中一个重要观念,尤其是食用"野味",被认为"大补"。其实,以我们今天的知识来看,在生产力整体比较低的年代,加之古代饮食又比较偏"素",所谓"大补",其实就是补充蛋白质。然而在现代社会,鸡鸭鱼肉蛋完全可以满足一般人的正常营养需求。如果再食用野生动物进行"大补",轻则营养过剩,引发代谢紊乱,重则中毒或感染疾病,甚至会造成传染病的大面积传播。一般野生动物身上都有寄生虫和细菌,甚至携带病毒。另外,由于环境污染的日益严重,在无监控下成长的野生动物体内会富集不少重金属、有机农药等有毒物质。同时,由于猎奇心理寻找新口感新尝试,猎杀野生动物,无底线地接近野生动物的生活区,也会对生态环境和生态平衡造成极大破坏,最终将引发整个生物链的崩溃。所以拒绝食用野生动物,树立和实践正确的科学饮食理念,身体自然倍儿棒,无须再"补"。

当然,要与自然界和谐共处,并非听之任之,有病不治。比如抗生素的使用在人类抵御重大疾病方面的作用非凡,但是抗生素也会"帮助"细菌"优生优育",产生"超级细菌",侵害人类健康,造成人类无药可用的困境。因此,不滥用抗生素同样是我们目前生活中要贯彻的一个科学理念。要改变抗生素能够治疗一切炎症的认知误区。事实上,抗生素仅治疗由细菌引起的炎症,对由病毒引起的炎症则是无效的。另外,毫无节制地使用抗生素,还会导致人体的正常菌群失调等不良反应。遵医嘱科学且慎重地使用抗生素，是维持人类与微生物稳态的必要条件。

此外，随着人类的发展，许多未知的微生物也会加入人类生活，如未知空间的微生物、不断进化的微生物、人类改造出的微生物。其中环境变化是导致这些"新"微生物进入人类生活最直接的原因，包括天气变化、滥伐森林、沙尘暴、工农业开发、修建水坝等。例如在已知的传染病中如疟疾、登革热、霍乱等都紧紧跟随着气候变化而发生；炭疽热、肺结核等病原体能够随着漫天飞舞的沙尘四处传播；环境的过度开发导致的污水淤泥、生物污染都会成为已知或未知病原体的乐园。因此，保护环境也是与微生物和谐共处的一部分，不管是垃圾分类、环球旅游、农业用地交替使用或防止气候变暖，都应当重视。

## 共生、共存和共进

158

今天，人类对曾经看不见的"小人国"有了充分的认识和把控，甚至能够利用"魔剪"（CRISPR/Cas）按需"修改"它们的基因。那么，利用"高科技"把对人类"有害"的微生物"赶尽杀绝"，人类是不是就能一劳永逸、高枕无忧呢？

如果转换一下主人公视角，我们会发现一个令人震惊的事实：微生物才是地球上生物体的主体。没有微生物，人类将无法生存。微生物对人类生活影响甚深，尤其是一场场瘟疫造成的悲剧在人们的精神上留下了不可磨灭的印记，所以当我们享用美食的时候不会想到微生物，而在疾病降临的时候则会咬牙切齿地诅咒它，希望自然界的神奇力量能制服这些看不见的"恶魔"。

疾病尤其是瘟疫留给人类的历史记忆，让人类一直希冀能凭借着科技文明的进步"毕其功于一役"，在一场与微生物的决战中获得最终胜利。尤其是二十世纪五六十年代，人类在微生物领域取得了一系列辉煌的科学成就，极大地增强了人们对抗微生物的信心。

因此，人类雄心勃勃，希望在胜利的道路上走得更远，将根除传染病计划完美实施。遗憾的是除了天花，其他根除传染病计划却一波三折。

这时，必然有人会提出疑问，如今我们已经进入分子生物时代，尤其是"魔剪"能按需修改遗传密码，人类简直拥有了"神来之笔"，难道还不能"控制"微生物吗？事实上，科学技术的进步未必能成就人类的"霸主"地位。

仍然回到我们之前讨论的天花病毒，尽管天花作为一种传染病已经被根除，但天花病毒仍然保存在世界卫生组织批准的两个实验室里，一个是位于俄罗斯的新西伯利亚，另一个是位于美国佐治亚州亚特兰大的美国疾病控制与预防中心。病毒的保存必然是实施了严格的管控，但有些意外永远无法被预测。现在人们已经不再接种天花疫苗，对天花病毒毫无抵抗力。如果天花病毒不慎外流，后果将会是毁灭性的。因此有人认为，不如早点彻底销毁病毒，一了百了；另一派则认为，既然担心病毒会卷土重来，那更应该保留病毒继续研究，以防万一。虽然两派各执一词，最终也无定论，但科技的进步让这种争论变得"落伍"，因为进入分子生物时代，人类掌握的科学技术可以从头开始合成病毒了……

159

类似地，由于细菌耐药性的存在，人类在使用抗生素的同时，也帮助细菌进行了生存选择。毫无疑问，具有耐药性的病菌存活下来并逐渐扩增，最终让抗生素"失效"。

可见，当人类在应用微生物的时候，不可避免地对某些微生物进行了改造；另一方面，微生物则通过基因重组的特性，让自身基因和各种生物基因流入人体，成为人类进化的积极推手和源泉之一。人体中的肠道微生物和内源性逆转录病毒序列都证明了微生物与人类共同进化的历史。早在1996年，科学家报道了正常的肠道微生态与肠道 L- 岩藻糖代谢具有密切的关系，开创性地提出了微生物与宿主之间存在共生关系，拓宽了人们对体内微生物的认识。在这种关系中，肠道微生物可不是白吃白喝的，它们也在利用自己的特长为宿主谋福利。比如在肠道中相对含量能达到 25% 的拟杆菌属（*Bacteroides*），是一类革兰氏阴性厌氧小杆菌，它具有的环境感测元件，与宿主获取和加工膳食中多糖的基因相关联。简单来说，它们可以影响宿主的饮食，如果想要控制身材，可得和它们"搞好关系"。

可见共生微生物已经进化出了感应和应对外环境的策略，以便于维持与宿主互利共生的关系。时至今日，人们已经认识到人体内的微生物不等同于有害菌，更不是"微"不足道，而是通过了解它们能够见"微"知著。尤其是近年来"无菌鼠"、高通量测序、宏基因组学等新技术新方法在肠道微生物学中的应用，让人们越来越深刻了解到肠道微生物与人体健康的密切关系。事实上，肠道微生物编码的基因总数约为人类编码基因总数的 100 倍，可以毫不夸张地说肠道微生物的基因组就是人体的第二基因组，与人体基因组一起，通过与环境因素的相互作用，通过不同方式影响着人体的物质代谢、生物屏障、免疫调控及宿主防御等方方面面。

而不能独立生存的病毒也能见招拆招。研究发现一些古老病毒在感染了宿主祖先的生殖细胞以后，毫不客气地留下了自己的基因，与宿主一起共同进化。这就是在几乎所有动物基因组中都存在的内源性逆转录病毒（endogenous retrovirus，简称 ERV）序列，它在人类基因组中的占比竟然达到了约 8%。这些病毒序列虽然十分古老，有的甚至能追溯到上千年前，但并没有"倚老卖老"，有些序列不但活跃至今，还发挥着重要作用。例如形成胎盘必不可少的合胞素（syncytin）蛋白和名为三聚体包膜糖蛋白的病毒蛋白质几乎一模一样，最初就是通过逆转录病毒感

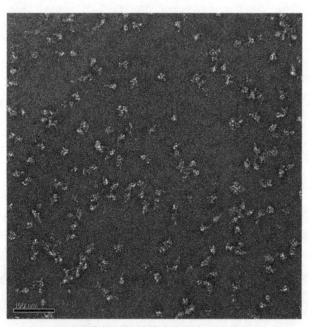

冷冻电镜下的某种病毒蛋白三聚体

染而进入我们祖先及其他哺乳动物的基因组，保证了受精卵能正常吸收到母体营养从而顺利发育成胎儿。换言之，如果没有合胞素，说不定我们至今仍然是"蛋生"。最新研究表明，内源性逆转录病毒序列在胚胎发育、免疫应答、病毒感染、肿瘤形成等方面都发挥了重要的作用，有待科学家们继续探索。

乙型肝炎病毒是一种古老的病毒，在与人类共处的数千年甚至上万年中，已进化成致死率不再那么高的病毒。不那么高的致死率使得 HBV 更有利于在宿主中生存和繁殖，也增加了传播的机会。类似地，人体的免疫细胞对肝细胞炎症反应导致肝细胞再生，却造成肝硬化、肝细胞癌、肝内胆管癌，其中肝癌是全球前三位的致死性癌症。HBV 和人类基因互动，此消彼长，共同经历了"变异—选择—适应"的进化过程。然而，即使某些微生物对人体有致癌性，如 HBV 导致 HCC；EB 病毒（*Epstein-Barr virus*，简称 EBV）导致鼻咽癌；人乳头瘤病毒（*Human papilloma virus*，简称 HPV）引起人体皮肤黏膜的鳞状上皮增殖，导致皮肤癌或宫颈癌。人类还是研制出了 HBV 和 HPV 疫苗，端起将这些致癌微生物一锅端了的架势。也许在未来，这些致病微生物会因为无法寄生于人体而消失殆尽。

161

虽然微生物引发的瘟疫给人类带来了巨大灾难，但是微生物在其他方面发挥的作用，却也是人类生存和生活的必要保障。比如在耕作层、动物胃肠道等处均有多种微生物组成的生态系统，直接影响了人类赖以生存的食物产量和品质。醋酸杆菌、啤酒酵母、放线菌、青霉菌等工业菌为医疗保健提供了基础原料。微生物的理论和技术进步，更是奠定了生命科学达到分子水平的基础。

最不可思议的是，即使是被认为对人类有害的微生物，也不是"天生坏胚"，"斩尽杀绝"也是不合理的。被 WHO 列为一级致癌物的幽门螺旋杆菌正是这样一个的"坏小子"。由于胃部里面的酸性很强，从常理推断不利于微生物生存，人们很难想象胃炎、胃溃疡这类疾病和细菌有关。在幽门螺旋杆菌和这些疾病的因果关系确认之前，治疗手段五花八门，甚至包括了缓解压力，建议年轻的男性患者不要和母亲住在一起。虽然在发现"小棍子"的19世纪就有学者医生观察到了胃部形如逗号的细菌，但由于在体外难以培养，没人进行深入研究。直到20世纪80年代，澳大利亚的科学家马歇尔和沃伦在体外培养出了这种螺旋状的细菌，并报道了它们与胃炎的相关性，他们也因此获得了2005年诺贝尔生理学或医学奖。毫无疑问，这一伟大发现让反复发作难以治愈的胃部慢性病，变成了一种利用足够疗程抗生素和抑酸剂治疗即可痊愈的疾病，为人类生活的改善作出了巨大贡献，因而被誉为消化病学研究领域里程碑式的革命。自此，幽门螺旋杆菌这个"坏小子"的身份也被坐实。

但意想不到的是，科学家发现，尽管随着年龄的增长，幽门螺旋杆菌会增加宿主患胃溃疡或胃癌的风险，但它也能保护食管，降低宿主患食管反流性疾病或者其他一系列癌症（如食管腺癌）的概率。进一步的机制研究发现，幽门螺旋杆菌能调动一种抑制免疫反应的细胞发挥功能，让自己避免被发现，从而逃避被清除的命运。令人吃惊的是，这种功能同时也抑制了过敏反应，降低了儿童患哮喘、过敏等疾病的概率。遗传学的研究证明，幽门螺旋杆菌陪伴人类演化已经十多万年了。显然在青少年时期携带此细菌对人类并没有什么危险，而古代的人们也大多活不到它引发胃癌的年纪，因此人类也没有必要清除它。现在我们一旦发现幽门螺旋杆菌，就使用抗生素消灭它，很可能是破坏了一种古老的平衡。从人类发展的角度来看，此时打破这种平衡也许是必要的，能使人类在更长的寿命中免受胃肠道炎症和癌症的折磨。但无可厚非的是，从这样的例子中可以看出，幽门螺旋杆菌这些"坏小子"也并不是一无是处的。

162

事实上，幽门螺旋杆菌这种"亦正亦邪"的现象在自然界并不少见。微生物生态学家西奥多·罗斯伯里（Theodore Rosebury）用"双面共生"（amphibiosis）形象地描述了这种微妙关系："时而共生、时而寄生，视情况而定。某天这个生物对你好——比如说它帮你抵御入侵者，改天它又背叛了你，甚至伤害你；或者，后来又有一天，两种情况同时发生。"

科学让人类学会利用和"战胜"微生物，但是始终不可能改变人类和微生物都属于自然界这样一个事实。无论人类还是微生物的生存条件发生太大改变，都必然会引发生态平衡的调整。这一点我们从瘟疫的传播规律中会发现：病原体在感染一定规模的人群后，其毒性和致死力就会逐渐减弱，以免与宿主同归于尽，而痊愈的宿主数量一旦增加，则形成群体免疫力，使得该传染病无法大面积传播，最终会转变为区域性疾病。显然，这种规律体现了均衡规则。然而，如果在某个时刻，一方过度发展但另外一方被削弱，原有的均衡必然被打乱。若是出现了失序的大混乱，人类社会则将陷入困境。以史为鉴可以发现，如果人类对微生物的生存条件改变太大，微生物必然会在某个预料不到的时间，以某种预想不到的方式进行反击。

2002 年，源自野生动物的 SARS-CoV 是一个警示。那么 2020 年的 SARS-CoV-2，是不是微生物的一种反击呢？人类与微生物的关系是不是摆脱不了竞争和博弈？

历史和科学告诉我们答案是否定的。即使人类的科学技术发展到了能"随心所欲"修改其他物种基因的程度，人类也终究是自然界的一分子，人类命运的起伏脱离不了自然生态的动态平衡。如今人类的科学知识积累，已经足够让人类认识到，人类必须依赖自然生存，不可避免地要从自然中获取资源，但是仍然要懂得尊重自然规律和生命规律，取用有度，保护好生态平衡。人类不能因为没有天敌，处在食物链的顶端，就忽视了其他生物体或非生物体在自然界的地位。当然，保护生态环境并不是要牺牲人类的利益，而是以科学的态度深入研究自然，把人类活动放在自然界活动的节拍上。回看人类千年抗疫的历史，防控较好的传染病基本上都有疫苗的功劳，正是体现了这一点。

当我们畅游完微生物世界之后，就会发现为祸人间的微生物只是极少一部分，大部分的微生物不但对人类无害，而且还是有益的。人类与微生物和平共处，相互制约，相互依存，始终处于一种动态平衡状态，才最好的选择。

无论如何，在我们的周围和机体内都有其他生命体与我们共存，尤其是微生物，可以说是层出不穷，无处不在。确切地说，人类就是生活在"微生物海洋"

中。数量如此巨大的微生物，不一定都能为人类"所用"，甚至有不少是人类的"敌人"。但由于同属于自然界的一部分，尽管微生物和人类的"竞争"会持续，但本质关系仍然是长期的共生共存。何况对人类有害的微生物，"有害"只是它的一种生态角色。反之，人类对于部分微生物来讲，生态角色不也属于"有害"吗？可见，对待一直与我们同在的微生物，不是一味地利用科学利器去征服，而是利用科学工具去防控，甚至携手互助，保持生态平衡，才能迎来微生物与人类的"双赢"局面。

# 结　语

看完前面的这些故事，微生物是否在你脑海里留下了特别的印象？——我们与微生物亦敌亦友，逃不掉，也离不开。

微生物也曾是远古时代地球上的霸主，它们从极其简单的生命结构开始演化，缔造了地球上复杂而壮丽的生命个体，以渺小的姿态在地球的历史中写下了宏伟的史诗。

茫茫宇宙中，地球作为目前唯一已知存在生命的星球，是孤独的。尽管时至今日微生物几乎无处不在，但作为地球上最早诞生的生命，微生物的宏伟史诗也一度不为人知。

后来，人类诞生了，一部分微生物便有了知音。

人类是充满智慧的生物，不管是否看到、了解微生物，从古至今不断有仁人义士在探索这群肉眼看不见的"邻居"，也在想着如何"驯服"它们、利用它们，以及如何与它们和平相处。从最初简单的"看见"，到现在精妙的"改造"甚至"创造"。

但是，就像是你无法与所有人成为朋友那样，也不是所有微生物都能与人成为朋友。

我们一直在以万物灵长的高姿态在审视着操纵着微生物，微生物又是如何看待我们的呢？——朋友？寄主？或许只是一块好吃的肉？

致病微生物带来的病疫从没有停过，并且很有可能在未来也不会停下。在在我们看来它们是在残害生命，但对它们来说，侵占细胞、增殖变异也只是它们的生存之道而已。

微生物也不都是无情的杀手，也有很多微生物无意中用自己的看家本领为人类带来了美味与便利。微生物发酵的产物占据了人类很大的一块餐桌，它们小小的身躯可以作为极为高效的工厂为人类带来比化学合成更为高纯度的产物……微生物的有些"超能力"无法被任何一种其他多细胞生命体替代。

微生物有害还是有益，与我们是敌是友，其实这是一个复杂的、需要辩证地看待的问题。我们不妨把眼光放得更宏大、更长远一点。"天行有常，不为尧存，不为桀亡"，其实对于地球这个庞大的生态系统来说，人类与微生物都是其中不可缺少、维持平衡的元素。

对致病微生物，人类可以用多种方式去抵御；对有益微生物，人类可以进行合理的开发利用；对于未知的微生物，人类可以选择积极探索，也可以选择保持距离……微生物与人类也不仅仅是敌人或是友人这么简单的关系。

唯愿人类对自然始终心怀敬畏、尊重生态平衡、不断探索未知，与地球上的生命们携手共进，和谐共存。

# 参考文献

埃德·扬.我包罗万象[M].郑李,译.北京:北京联合出版公司,2019.

碧莲.古人的沐浴[J].文史杂志,2011(06):72.

曹炳章.中国医学大成[M].上海:上海科学技术文献出版社,2020.

陈慧云.火对原始社会生活和造物的改变[J].大舞台,2011(08):267-269.

陈宪仪.我国古代在食品微生物学方面的贡献(一)[J].生物学教学,1998(07):34-36.

陈宪仪.我国古代在食品微生物方面的贡献(二)[J].生物学教学,1998(08):39-40.

陈怡李,姚书忠.CRISPR/Cas9基因编辑技术的应用研究进展[J].国际生殖健康/计划生育杂志,2017,36(06):482-487.

大卫·逵曼.下一场人类大瘟疫:跨物种传染病侵袭人类的致命接触[M].蔡承志,译.台北:漫游者文化,2016.

邓梅葵,孙迎,韩雯晴.细菌鉴定方法[J].生物医学工程学进展,2014,35(02):84-88.

丁铲.病毒的进化与传播[J].中国动物传染病学报,2010,18(04):71-75.

房咪,郑珩,顾觉奋."超级细菌"NDM-1的发现及研究进展[J].国外医药(抗生素分册),2011,32(06):253-258.

房兆,孙慧,张乃正,等.《护理学基础》项目课程模式开发与实践[J].齐鲁护理杂志,2013,19(11):111-112.

冯伟民.生命的历程系列讲座(一)生命起源揭秘[J].化石,2017(02):73-78.

傅杰青.究竟是谁发现了噬菌体?[J].自然辩证法通讯,1985(06):50-54.

龚振华，张云香，王晓颖，等.人与动物源冠状病毒的流行病学特征[J].中国动物检疫，2020，37（04）：27-34.

郭玉刚.中医预防瘟疫的特点和方法[J].陕西中医学院学报，2006，29（02）：12-13.

韩高峰，黄仪荣.城市安全视角下排水系统建设的探讨——基于福寿沟的启示[J].现代城市研究，2013（12）：74-78+85.

何正国，李雅芹，周培瑾.极端嗜酸微生物[J].微生物学通报，1999（06）：452.

侯晓光，李新娜，张维，等.耐辐射异常球菌的微生物资源及其应用[J].中国农业科技导报，2010，12（04）：18-23.

黄文林.分子病毒学（第三版）[M].北京：人民卫生出版社，2016.

贾雷德·戴蒙德.枪炮、病菌和钢铁：人类社会的命运（修订版）[M].谢延光，译.上海：上海译文出版社，2003.

卡尔·齐默.病毒星球[M].刘旸，译.桂林：广西师范大学出版社，2019.

劳里·加勒特.逼近的瘟疫[M].杨岐鸣，杨宁，译.北京：生活·读书·新知三联书店，2017.

李刚，胡福泉.噬菌体治疗的研究历程和发展方向[J].中国抗生素杂志，2017，42（10）：807-813.

李剑怡，王晞.基因载体的性能改进及应用研究进展[J].山东医药，2019，59（12）：116-119.

李静.《齐民要术》酒曲制作技术的传承与发展[J].酿酒科技，2016（10）：118-121.

李君，张毅，陈坤玲，等.CRISPR/Cas系统：RNA靶向的基因组定向编辑新技术[J].遗传，2013，35（11）：1265-1273.

李琳，李槿年，余为一.细菌分类鉴定方法的研究概况[J].安徽农业科学，2004，32（03）：549-551.

168

李明德, 吴海勇, 聂军, 等. 稻草及其循环利用后的有机废弃物还田效用研究[J]. 中国农业科学, 2010, 43（17）: 3572-3579.

李义敏. 浙江师范大学藏民间文书的基本情况与史料价值[J]. 西华师范大学学报（哲学社会科学版）, 2018（03）: 25-30.

利维. 艾滋病病毒与艾滋病的发病机制（中文翻译版）（原书第 3 版）[M]. 邵一鸣, 译. 北京: 科学出版社, 2010.

廖延雄. 病毒的分类[J]. 江西畜牧兽医杂志, 1985（03）: 48-53.

林硕. 瘟疫笼罩之下的罗马[N]. 中国美术报, 2020-05-11（010）.

林杨挺. 生命是否只存在于地球?[J]. 科学通报, 2016, 61（32）: 3428-3434.

林杨挺. 探索火星环境和生命[J]. 自然杂志, 2016, 38（01）: 1-7.

刘伯宁. 诺贝尔奖与免疫学的百年渊源[J]. 自然杂志, 2012, 34（03）: 167-171.

刘畅, 朱基超, 陈将锋, 等. 中国与瘟疫的千年战争[N]. 健康报, 2020-04-10（008）.

刘丹华, 张晓伟, 张翀. 抗生素滥用与超级细菌[J]. 国外医药（抗生素分册）, 2019, 40（01）: 1-4.

刘榕榕. 试析伯罗奔尼撒战争中的瘟疫问题[J]. 廊坊师范学院学报（社会科学版）, 2010, 26（06）: 57-60.

刘思媛, 曹树基. 明清时期天花病例的流行特征——以墓志铭文献为中心的考察[J]. 河南大学学报（社会科学版）, 2015, 55（03）: 65-70.

刘志国, 屈伸. 基因克隆的分子基础与工程原理[M]. 北京: 化学工业出版社, 2003.

柳朔怡, 吴尚为. 分子系统学在真菌分类命名中的应用与进展[J]. 微生物学免疫学进展, 2015, 43（01）: 48-53.

龙学锋. 中国人为什么爱喝热水?[J]. 百科知识, 2017（16）: 53-54.

马丁·布莱泽.消失的微生物：滥用抗生素引发的健康危机［M］.傅贺，译.长沙：湖南科学技术出版社，2016.

门大鹏，程光胜.我国古代认识和利用微生物的成就［J］.微生物学通报，1978（01）：39-41.

缪鸿石.光和热帮助治病［J］.科学大众，1965（12）：26-27.

亓民，张国强，李梦东.病毒的突变与进化［J］.医学综述，2005，11（10）：944-946.

渠川琰.中国优生优育百科全书［M］.广州：广东教育出版社，1999.

任成山，赵晓晏."超级细菌"的由来和未来［J］.中华肺部疾病杂志（电子版），2010，03（05）：378-383.

任衍钢，宋玉奇，白冠军，等.烟草花叶病毒的发现、揭示和生物学意义［J］.生物学通报，2014，49（12）：55-58.

阮芳赋.弗莱明朴实谦虚的精神［J］.医学与哲学，1980（02）：28.

沈雪婧.赣州福寿沟设计研究［D］.江西：赣南师范学院，2013.

石云，王宁，邹全明.新型冠状病毒疫苗研发进展与挑战［J］.中华预防医学杂志，2020，54（06）：614-619.

苏佳纯，王明贵.美英联盟瞄准世界上最致命的超级细菌［J］.中国感染与化疗杂志，2018，18（01）：92.

松佩拉克.病毒学概览［M］.姜莉，李琦涵，译.北京：化学工业出版社，2006.

松佩拉克.免疫学概览（原著第二版）［M］.李琦涵，施海晶，译.北京：化工工业出版社，2005.

孙桐.常见传染病防治［M］.北京：化学工业出版社，2007.

王春晓，唐佳代，吴鑫颖，等.酿酒小曲中功能微生物的研究进展［J］.食品科学，2019，40（17）：309-316.

王海名，杨帆，吴季.在地球系统以外可能发现生命或生命存在的证据［J］.

中国科学院院刊, 2013, 28（05）: 593-595.

王洪车. "疠迁所"的历史透视[J]. 黑龙江史志, 2009（22）: 72-73.

王楼. 沙眼衣原体的发现者 汤飞凡[J]. 现代班组, 2017（01）: 52-53.

王玮, 朱静, 张志东, 等. 原核耐辐射微生物资源研究及其应用前景[J]. 核农学报, 2013, 27（02）: 177-182.

王文远, 杨进. 古代中医防疫思想与方法概述[J]. 吉林中医药, 2011, 31（03）: 197-199.

王最. 简析古代雅典民主制度的衰亡——从雅典瘟疫谈起[D]. 广州: 华南师范大学, 2010.

威廉·麦克尼尔. 瘟疫与人[M]. 余新忠, 毕会成, 译. 北京: 中信出版集团, 2018.

吴春妍. 浅析古代欧洲瘟疫的流行及其对社会发展的影响[D]. 吉林: 东北师范大学, 2005.

吴红萍, 王陈仪, 宋晶霞, 等. 微生物学实验教学——细菌的革兰氏染色经典法和三步法的比较与分析[J]. 高校实验室工作研究, 2017（03）: 56-59.

伍连德. 鼠疫斗士: 伍连德自传[M]. 程光胜, 马学博, 译. 长沙: 湖南教育出版社, 2020.

武仙竹, 李禹阶, 刘武. 旧石器时代人类用火遗迹的发现与研究[J]. 考古, 2010（06）: 57-65.

谢天恩. 病毒的分类与命名进展概况[J]. 中国病毒学, 1992（04）: 375-382.

徐德强, 肖义平. 真菌的分类与命名[J]. 中国真菌学杂志, 2006（01）: 54-56.

徐耀先, 解梦霞, 向近敏. 病毒命名与分类系统研究进展[J]. 中国病毒学, 1999, 14（03）: 190-204.

徐颖. 共表达 Ag85B、ESAT-6 及小鼠 IFN-γ 重组卡介苗和 Ag85B、ESAT-6 嵌合蛋白亚单位疫苗的初步研究[D]. 上海: 复旦大学, 2007.

杨先碧.蝙蝠：大自然中移动的病毒库［J］.生命与灾害，2020（02）：36-37.

殷相平.动物狂犬病基因工程亚单位疫苗研究［D］.兰州：甘肃农业大学，2011.

张惠展，欧阳立明，叶江.基因工程（第3版）［M］.北京：高等教育出版社，2015.

张培忠.以正确价值观书写"抗疫"故事［N］.文艺报，2020-04-20（003）.

张清宏.我国古代的调味品［J］.烹调知识，1997（11）：36-37.

张燕洁.清代中医丛书研究［D］.北京：中国中医科学院，2009.

赵春杰，吕耀龙，马玉玲.极端微生物研究进展［J］.内蒙古农业大学学报（自然科学版），2008，29（01）：271-274.

赵娜，苗艳梅，赵敏.未知植物病毒分子生物学检测方法的研究现状［J］.江苏农业学报，2019，35（01）：224-228.

郑璇，郑育洪.国内外超级细菌的研究进展及防控措施［J］.中国畜牧兽医文摘，2012，28（01）：69-75.

周成.极端微生物：将生物学带入新领域［N］.光明日报，2014-04-17（012）.

周璟，盛红梅，安黎哲.极端微生物的多样性及应用［J］.冰川冻土，2007，29（02）：286-291.

朱海珍，姜成英，刘双江.洞穴微生物组：已知与未知［J］.微生物学报，2017，57（06）：829-838.

宗华.古老岩石含有最早生命［N］.中国科学报，2019-09-27（002）.

Adiliaghdam F, Basavappa M, Saunders T L, et al. A requirement for argonaute 4 in mammalian antiviral defense［J］. Cell Reports, 2020, 30(6):1690-1701.e4.

Arnaud C H. Penicillin［J］. American Chemical Society. 2005 Jun 20; 83(25).

Bry L, Falk P G, Midtvedt T, et al. A model of host-microbial interactions in an open mammalian ecosystem [ J ]. Science, 1996, 273(5280): 1380−1383.

Cong L, Ran F A, Cox D, et al. Multiplex genome engineering using CRISPR/Cas systems [ J ]. Science, 2013, 339(6121): 819−823.

Becker D E. Antimicrobial drugs [ J ]. Anesthesia Progress, 2013, 60(3): 111−123.

Dodd M S, Papineau D, Grenne T, et al. Evidence for early life in Earth's oldest hydrothermal vent precipitates [ J ]. Nature, 2017, 543(7643): 60−64.

Du R, Qu Y, Qi P X, et al. Natural flagella-templated Au nanowires as a novel adjuvant against Listeria monocytogenes [ J ]. Nanoscale, 2020, 12(9): 5627−5635.

Dubourg G, Edouard S, Raoult D. Relationship between nasopharyngeal microbiota and patient's susceptibility to viral infection [ J ]. Expert Review of Anti-Infective Therapy, 2019, 17(6): 437−447.

Gao R, Cao B, Hu Y, et al. Human infection with a novel avian-origin influenza A（H7N9）virus [ J ]. New England Journal of Medicine, 2013, 368(20): 1888−1897.

Hemelaar J. The origin and diversity of the HIV-1 pandemic [ J ]. Trends in Molecular Medicine, 2012, 18(3): 182−192.

Holečková N, Doubravová L, Massidda O, et al. LocZ is a new cell division protein involved in proper septum placement in Streptococcus pneumoniae [ J ]. MBio, 2014, 6(1): e01700−14.

Jinek M, Chylinski K, Fonfara I, et al. A programmable dual-RNA-guided DNA endonuclease in adaptive bacterial immunity [ J ]. Science, 2012, 337(6096): 816−821.

Kim W, Zhu W , Hendricks G L, et al. A new class of synthetic retinoid antibiotics effective against bacterial persisters [ J ]. Nature, 2018, 556(7699):103−107.

Krugman S, Giles J P, Hammond J. Infectious hepatitis: Evidence for two distinctive clinical, epidemiological, and immunological types of infection [ J ]. The Journal of the American Medical Association, 1967, 200(5): 365−373.

Lavialle C, Cornelis G, Dupressoir A, et al. Paleovirology of "syncytins", retroviral env genes exapted for a role in placentation [J]. Philosophical Transactions of the Royal Society B: Biological Sciences, 2013, 368(1626): 20120507.

Ledsgaard L, Kilstrup M, Karatt-Vellatt A, et al. Basics of antibody phage display technology [J]. Toxins, 2018, 10(6): 236.

Deng L, Mohan T, Chang T Z, et al. Double-layered protein nanoparticles induce broad protection against divergent influenza A viruses [J]. Nature Communications, 2018, 9(1): 1−12.

Lu X, Sachs F, Ramsay L, et al. The retrovirus HERVH is a long noncoding RNA required for human embryonic stem cell identity [J]. Nat Struct Mol Biol., 2014, 21(4): 423−425.

Matsuoka K, Yanagihara I, Kawazu Y, et al. Fatal overwhelming postsplenectomy infection due to Streptococcus pneumoniae serotype 10A with atypical polysaccharide capsule in a patient with chromosome 22q11.2 deletion syndrome：A case report [J]. Journal of Infection and Chemotherapy, 2019, 25(3): 192−196.

Nath M, Bhattacharjee K, Choudhury Y. Pleiotropic effects of anti-diabetic drugs：A comprehensive review. [J]. European Journal of Pharmacology, 2020, 884: 173349.

Nourikyan J, Kjos M, Mercy C, et al. Autophosphorylation of the bacterial tyrosine-kinase CpsD connects capsule synthesis with the cell cycle in Streptococcus pneumoniae [J]. PLoS Genetics, 2015, 11(9): e1005518.

Oikonomou C M, Jensen G J. Cellular electron cryotomography：Toward structural biology in situ [J]. Annual Review of Biochemistry, 2017, 86(1): 873−896.

Panahi S , Fernandez M A , Marette A , et al. Yogurt, diet quality and lifestyle factors [J]. European Journal of Clinical Nutrition, 2017, 71(5): 573−579.

Platt R J, Chen S, Zhou Y, et al. CRISPR-Cas9 knockin mice for genome editing and cancer modeling ［J］. Cell, 2014, 159(2): 440−455.

Rooks M G, Garrett W S. Gut microbiota, metabolites and host immunity ［J］. Nature Reviews Immunology, 2016, 16(6): 341−352.

Schrezenmeir J, de Vrese M. Probiotics, prebiotics, and synbiotics-approaching a definition ［J］. The American Journal of Clinical Nutrition, 2001, 73(2): 361−364.

Shi M, Lin X D, Tian J H, et al. Redefining the invertebrate RNA virosphere［J］. Nature, 2016, 540 (7634): 539−543.

Skowronski D M, Astell C, Brunham R C, et al. Severe acute respiratory syndrome（SARS）：A year in review ［J］. Annual Review of Medicine, 2005, 56: 357−381.

Valitutto M T, Aung O, Tun K, et al. Detection of novel coronaviruses in bats in Myanmar ［J］. PloS One, 2020, 15(4): e0230802.

Warren J R, Marshall B. Unidentified curved bacilli on gastric epithelium in active chronic gastritis ［J］. The Lancet, 1983, 1(8336): 1273−1275.

Wiedenheft B, Sternberg S H, Doudna J A. RNA-guided genetic silencing systems in bacteria and archaea［J］. Nature, 2012, 482(7385): 331−338.

Wypych T P, Wickramasinghe L C, Marsland B J. The influence of the microbiome on respiratory health ［J］. Nature Immunology, 2019, 20(10): 1279−1290.

Xu J, Chiang H C, Bjursell M K, et al. Message from a human gut symbiont：Sensitivity is a prerequisite for sharing ［J］. Trends Microbiol, 2004, 12(1): 21−28.

世界卫生组织官网. Coronavirus disease (COVID-19) pandemic ［Z/OL］. ［2021−07−01］. https://www.who.int/emergencies/diseases/novel-coronavirus-2019.

诺贝尔奖委员会. 诺贝尔奖得主［Z/OL］.［2021-07-01］. http: // www. nobelprize.org/prizes/.

**图书在版编目（CIP）数据**

离不开、逃不掉，这就是微生物！ / 中国科学院上海巴斯德研
究所编著. — 上海：上海教育出版社，2021.8
ISBN 978-7-5720-0792-7

Ⅰ.①离… Ⅱ.①中… Ⅲ.①微生物－青少年读物 Ⅳ.①Q939-49

中国版本图书馆CIP数据核字(2021)第145612号

策划编辑　李　祥
责任编辑　杨　瑜　沈明玥
特约编辑　黄　伟　徐青莲
装帧设计　蒋　妤

"发现微生物"丛书
**离不开、逃不掉，这就是微生物！**
中国科学院上海巴斯德研究所　编著

出版发行　上海教育出版社有限公司
官　　网　www.seph.com.cn
地　　址　上海市永福路123号
邮　　编　200031
印　　刷　上海盛通时代印刷有限公司
开　　本　787×1092　1/16　印张 12
字　　数　170 千字
版　　次　2021年8月第1版
印　　次　2021年8月第1次印刷
书　　号　ISBN 978-7-5720-0792-7/Q·0003
定　　价　58.00 元

如发现质量问题，读者可向本社调换　电话：021-64377165